Goldfischhaltung – Ratgeber zu Goldfischen im Teich oder Aquarium

Goldfische kaufen, halten, züchten, drinnen oder draußen – Infos zu Haltung, Umgebung, Krankheiten und Ernährung

Expertengruppe Verlag

Goldfischhaltung – Ratgeber zu Goldfischen im Teich oder Aquarium

Goldfische kaufen, halten, züchten, drinnen oder draußen – Infos zu Haltung, Umgebung, Krankheiten und Ernährung

Expertengruppe Verlag

INHALTSVERZEICHNIS

ÜBER DIE AUTORIN

Svenja Nett wohnt mit ihrem Mann in einem kleinen Dorf in der Nähe von Aurich an der deutschen Nordseeküste.

Als Zoologin beschäftigte Sie sich schon früh mit Haustieren aller Art und spezialisierte sich nach und nach immer weiter auf Wasserlebewesen und hier insbesondere auf Zierfische. Sie betreibt seit über 20 Jahren einen erfolgreichen Aquaristik-Fachhandel und berät Aquarien- und Teichbesitzer dort oder direkt bei ihnen zu Hause. Im Laufe der Jahre hat sie sich umfangreiches Wissen zu vielen Teilbereichen der Haltung von Fischen und anderen Wasserlebewesen angeeignet.

Um dieses Wissen nicht mehr nur an einen kleinen Kreis lokaler Aquaristik-Liebhaber weitergeben zu können, entstand die Idee zu diesem Buch. Es soll allen angehenden oder bestehenden Besitzern von Aquarien oder Teichen einen Einstieg in die Welt der Goldfischhaltung geben. Die Haltung von Goldfischen ist grundsätzlich nicht schwierig und doch machen gerade Neulinge in diesem Gebiet oft Fehler, die in der Regel Geld, Mühe und Fischleben kosten.

Svenja Nett möchte jedem Interessierten so das nötige Wissen an die Hand geben, um von Anfang an alles richtig zu machen und den eigenen Fischen den Lebensraum zu bieten, den Sie benötigen und verdienen. So wird die Fischhaltung direkt zum Erfolg und unnötiger Aufwand und Frust wird vermieden.

Jede ihrer Veröffentlichungen basiert daher neben den unverzichtbaren wissenschaftlichen Grundlagen auch auf ganz persönlichen Erfahrungen und Erkenntnissen. So entstehen nicht nur reine sachliche Abhandlungen, sondern praktische Ratgeber mit breitem Wissen und nützlichen Hinweisen, die leicht verstanden und umgesetzt werden können.

VORWORT

Goldfische – ein schönes Hobby für Liebhaber als Hingucker im Aquarium oder im Gartenteich. Einige Menschen träumen genau davon. Andere wiederum meinen, dass die schönen Zierfische doch nichts anderes machen, als im Kreis zu schwimmen, zu fressen und zu koten.

Ein Haustier, welches nicht viel Arbeit macht, denken viele. Doch was ist wirklich zu beachten? Was braucht ein Goldfisch überhaupt? Wie hoch sind die Kosten für Anschaffung, Pflege und braucht ein Goldfisch eigentlich auch einen Tierarzt?

Diese Fragen und noch viele mehr werden in diesem Ratgeber beantwortet. Zudem erhalten Sie allerlei Informationen rund um den Fisch, der vielseitiger ist, als von vielen im ersten Moment angenommen wird. Aussehen, Größe, Herkunft – es ist wie bei uns Menschen, es gibt gleiche Merkmale, aber noch viel mehr Unterschiede. Welche das bei Goldfischen sind, werden Sie auf den nächsten Seiten erfahren.

Er gilt als ein Fisch für Anfänger und Kinder. Wenn wir uns nur die einfachen Zuchtformen zulegen, ist das tatsächlich der Fall. Temperatur, Sauerstoffgehalt des Wassers,

Nahrung – der einfache Goldfisch ist nicht wählerisch, wir können sogar sagen, dass er hart im Nehmen ist. All diese Eigenarten hat er von seinen Vorfahren – den Karauschen – übernommen.

Beim Goldfisch fallen zwei Merkmale besonders auf, welche die Unterschiede zu anderen Anfängerfischen verdeutlichen. Da wäre zum einen die Langlebigkeit. Da er so robust ist, kann davon ausgegangen werden, dass er viele Jahre leben wird. Zum anderen ist da auch seine Größe zu beachten. Es ist tatsächlich so, dass Goldfische recht groß werden können. Aus diesem Grund, gekoppelt mit seinem ausgeprägten Wunsch nach Geselligkeit, müssen Sie sich also ein großes Aquarium oder einen größeren Teich anlegen.

Sie sehen, es gibt eine ganze Menge zu entdecken und kennenzulernen. Der Goldfisch ist demnach kein langweiliger Freund, sondern durchaus spannend. Also, worauf warten Sie? Blättern Sie weiter und schauen Sie, was es zu erfahren gibt.

- Kapitel 1 -

HERKUNFT DES GOLDFISCHES

DIE GESCHICHTE DES GOLDFISCHES

Der Goldfisch zählt zu den Wirbeltieren. Manche dieser Wirbeltiere weisen eine Mutation auf. So auch die Vorfahren des Goldfisches. Bei **manchen** von ihnen kam es zu einem Melaminmangel, weshalb die oberen Pigmente, die eigentlich dunkel sind, fehlten. Unter diesen Pigmenten liegen Carotine und Pethidin, welche für die Orangefärbung des Fisches zuständig sind.

Erste Berichte gibt es aus dem 3. Jahrhundert vor Christus. Diesen zufolge entdeckten Fischer orangegefärbte Fische, was damals eine Besonderheit war. Damals kannten die Menschen hauptsächlich die Silberkarauschen, die Vorfahren des Goldfisches. Aufgrund der sonderbaren Verfärbung wurden die orangenen Fische nicht zu den Speisefischen gezählt.

In China verbreitete sich zwischen dem 5. und 7. Jahrhundert der Buddhismus. Für dessen Lehre ist der Grundsatz – die Vermeidung von Leid – noch heute bekannt. Dies passte zur Bewunderung der beliebt gewordenen orangenen

Fische. Es gibt in China zahlreiche Tempel, in deren Nähe zur damaligen Zeit Teiche gebaut wurden, die auch Gnadenteiche genannt wurden. Dort wurden die schönen Fische eingesetzt. Auch Schildkröten fanden dort ein neues Zuhause.

Von 960 bis 1279 regierte Kaiser Song Gaozong das Land. Seinerzeit gab es zahlreiche dieser Gnadenteiche. In diesen Teichen vermehrten sich die gefärbten Karauschen. Somit wurde der Xanthismus, also die orangene Verfärbung, vererbt. Auf diese Art und Weise wurden die Bestände der orangenen Fische größer.

In Hangzhou liegt der Westsee. Auch hier wurden die Goldfische gefangen. Der Kaiser wurde darum gebeten, diesen zum Barmherzigkeitssee zu erklären. So wurden dort zahlreiche weitere Fische ausgesetzt. Demzufolge gilt heute Hangzhou als der Ursprungsort der Goldfische.

Schon gewusst? Bei den buddhistischen Mönchen galten die Goldfische auch als himmlische Wunder! Der Kaiser selbst hielt sich ebenfalls Goldfische. Für ihn waren sie Zierfische und wurden zur Repräsentation genutzt. Im Adel wurden die schönen Fische verehrt. Nur fachkundiges Personal durfte sich um deren Vermehrung und Betreuung kümmern. Das war somit die Geburtsstunde des Berufes des Goldfischzüchters.

Natürlich blieb es nicht aus, dass sich die Haltung des Goldfisches in ganz China ausbreitete. Während der Song-Dynastie galten vor allem die Gebiete Jiaxing, Hangzou und Nanjing als die Orte der Goldfischhaltung. Sie kamen aber auch in den Norden Chinas, wo es etwas kühler war. Circa um 1330 erreichte der Goldfisch auch Chenkiang und Peking während der Yuan-Dynastie. Zu dieser Zeit hielt sich auch die nicht adlige Bevölkerung die schönen Zierfische. Sie hielten sie in Teichen und züchteten die Fische weiter. Seitdem konnten auch andere Farbvarianten unter den Züchtungen gefunden werden. Ganz besondere Beliebtheit gewannen die mehrfarbigen Goldfische.

1368 bis 1644, zur Zeit der Ming-Dynastie, veränderte sich die Haltung des Goldfisches. In großen Kübeln wurden Miniaturtümpel erschaffen. Dort wurden die Goldfische und andere Tiere hineingesetzt. Später war es sogar so, dass die Behälter noch kleiner wurden und selbst die Familien, die nur sehr wenig Geld hatten, sich einen Goldfisch leisten konnten. Es entstanden die sogenannten Drachenkübel, Gefäße aus Holz oder gebranntem Ton. Familien, die im Wohlstand lebten, hatten solche Kübel aus Porzellan.

In diese wurden Mutationen von Fischen gehalten, welche in der freien Wildbahn keine Chance zum Überleben gehabt hätten. Das Interesse an diesen und allgemein an den Goldfischen war zu dieser Zeit sehr groß, sodass die

Menschen sich nicht die Frage stellen musste, ob sie tatsächlich weiterzüchten sollten oder nicht.

Im Jahr 1569 wurde dann das erste Buch über die Goldfischzucht geschrieben. Zhang Qian De beschrieb darin die verschiedenen Farbvarianten, Fische mit gewölbten Augen, Drachenfische und noch einige mehr.

Gegen Ende der Ming-Dynastie gab es kaum eine Wohnung im Kaiserreich, in der keine Goldfische lebten. Fast alle Menschen konnten sich für den Goldfisch begeistern. Interessant ist auch, dass in gerade einmal 100 Jahren die meisten der noch heute bekannten Zuchtfische gezüchtet wurden.

Der Goldfisch in Europa

In der Natur kommen Goldfische, so wie sie uns heute mit ihrem prächtigen Aussehen bekannt sind, nicht vor, denn der Mensch hat sie gezüchtet. Goldfische zählen zu den Karpfen, denn sie stammen ursprünglich von den Silberkarauschen ab. In Europa, Asien, Afrika und Nordamerika sind Karpfen am meisten verbreitet. Sie zählen zu den Süßwasserfischen.

Betrachten wir die Vorfahren des Goldfisches, so erkennen wir farblich keine Gemeinsamkeit, denn die Silberkarauschen sind dunkelgrünbraun bis schwarzgrau. Silbrige Streifen zieren deren Seiten und schenken den Fischen einen schönen Glanz. Goldfische sind gelblich bis rotorange. Deren Zierde sind meist weiße oder schwarze Flecke. Anders als die Silberkarauschen glänzen sie zudem golden.

Das Besondere an den heutigen Goldfischen ist, dass es sie in zahlreichen Farben und Zuchtformen gibt. Hierbei spielen vor allem auch ihre Körperform und Flossen eine bedeutende Rolle. Sogar die Augen können beeindruckend sein, besonders bei den Arten, welche kugelförmige Augen besitzen, die hervorstehen.

In Südeuropa gibt es wiederum auch verwilderte Goldfische, welche ein neues zu Hause in Flüssen oder Teichen gefunden haben. Wie bereits beschrieben, ist China das erste Land, welches Goldfische züchtete. Demnach lässt sich annehmen, dass der Goldfisch seinen Ursprung dort fand.

Wenn wir uns die Herkunft der Silberkarauschen anschauen, passt dies tatsächlich, denn diese stammen aus Ostasien. Zudem besagt ein Gerücht, dass in China bereits vor 2500 Jahren Goldfische lebten. Goldfische leben in Süßwassergewässern und lieben die Ruhe und viele Pflanzen um sich herum.

Wie bereits erwähnt, sind die bekannten Vorfahren des Goldfisches die Silberkarauschen. Im damaligen China galten sie als heilige Tiere, wenn diese eine rot-goldene Färbung aufwiesen. Die ursprünglichen Silberkarauschen galten in China als Speisefische und wurden gerne verzehrt. Anders war es dann bei den Goldfischen.

Aber wann kam denn der Goldfisch nun nach Europa? Erst zwischen 1611 und 1691 schaffte es der beliebte Zierfisch endlich auch nach Europa. Meist fand man ihn in England, Portugal oder den Niederlanden wieder. Anfang des 18. Jahrhunderts dauerte es in England nicht lange und der goldene Fisch gewann an Beliebtheit. Madame Pompadour (Mätresse des französischen Königs Ludwig XV) bekam den Goldfisch angeblich geschenkt. Darauf aufbauend konnte er sich danach in ganz Europa durchsetzen.

1797 schrieb Bechstein die „Naturgeschichte der Stubenthiere“. In eben dieser erwähnte er zahlreiche Tiere, allerdings nur zwei Fischarten. Eine von ihnen war der Goldfisch. Zu dieser Zeit konnten nur die extrem widerstandsfähigen Arten von Goldfischen im Haus gehalten werden. Das Wissen und die Möglichkeiten waren einfach noch nicht ausgereift genug.

Der Goldfisch verbreitete sich in Europa zur Zeit des Rokokos und der Chinoiserie. Der Zierfisch aus China war demnach sehr passend. Eines jedoch fand hier kein Anklang und das waren die Drachenkübel aus Porzellan. Eigentlich ist das verwunderlich, denn das chinesische Porzellan war damals grundsätzlich sehr beliebt.

Anstelle der Drachenkübel boten die Menschen dem Goldfisch ein neues zu Hause in runden Glasgefäßen, die, wie wir heute zum Glück wissen, nicht gerade für die Haltung von Goldfischen geeignet waren. Denn sie fassten viel zu wenig Wasser und boten dem Tier kaum Platz.

Ca. 1872 wurden die schönen Schleierschwänze aus Japan nach Paris importiert. Auch in weiteren Bereichen Europas wagten sich die Menschen nun an die schwierigen Zuchtformen heran, allen voran in Deutschland. Paul Nitsche (Vorsitzender eines Aquarium Vereins) und Paul Matte (Zierfischzüchter) lieferten sich damals einen regelrechten Wettkampf bei der Goldfischzucht. Auch Ernst Bade wollte mitmischen. Er trug zur Legendenbildung der Matte'schen Züchtungen bei.

- Kapitel 2 -

ÜBER DEN GOLDFISCH

DAS AUSSEHEN

Viele werden denken: Der Name sagt es doch bereits! Ein Goldfisch ist Gold gefärbt. Doch da muss ich Sie enttäuschen. Die meisten Arten der Goldfische haben eine gelborange oder auch orangerote Färbung. Aber – und jetzt wird es interessant – es gibt sogar weiße Goldfische, welche schwarze Tupfer haben.

Wie alle Fische hat auch der Goldfisch einen Körper – bestehend aus Kopf, Rumpf und Schwanzstiel – eine Schwanzflosse, eine Rückenflosse, zwei Bauchflossen, zwei Brustflossen und eine Afterflosse. Schauen wir uns die verschiedenen Flossen einmal genauer an: Im Grunde genommen sind es alles Flossen, doch diese wiesen Unterschiede auf und das nicht nur in der Funktion. Sie können beispielsweise einfach, aber auch paarig auftreten.

Jede einzelne Flosse ist von sogenannten Flossenstrahlen durchfahren. Diese sind nichts anderes als Skelettbestandteile, sprich Gräten. Ebenso beanspruchen Flossen verschiedene Muskeln, welche für das Aufrichten und

Zusammenlegen der Flossen verantwortlich sind. Durch die Muskeln ist es den Fischen außerdem möglich, sich durch das Wasser zu bewegen oder sich darin zu stabilisieren.

Schauen wir uns jetzt einmal die unterschiedlichen Flossen etwas genauer an:

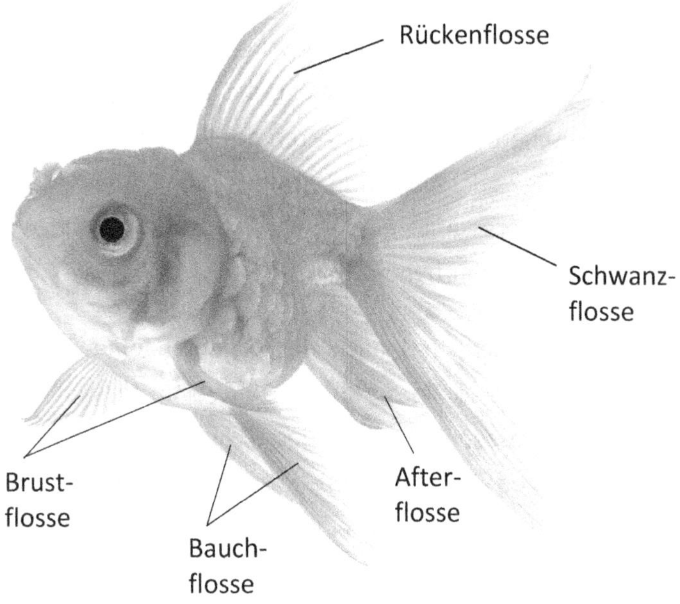

Die Schwanzflosse

Im Lateinischen wird diese Flosse auch Caudale genannt. Mit dieser Flosse macht der Fisch schlängelnde Bewegungen und ist für dessen Fortbewegung unersetzlich. Der

Grund dafür ist, dass sie so viel Kraft aufbringen kann, dass sich der Fisch tatsächlich fortbewegen kann.

Manche Goldfischarten haben eine besondere Schwanzflosse, denn obwohl sie einfach ist, kann leicht angenommen werden, dass sie paarig sei. Manche Goldfische haben eine geteilte Schwanzflosse, was wie ein Schleier aussieht. Leider ist es so, dass die geteilten Schleierflossen dem Fisch nicht viel nutzen, denn sie verleihen ihm nicht genug Vortrieb, wodurch er sich nur sehr langsam im Wasser bewegen kann. Würde ein solcher Fisch in freier Natur – also im Meer – leben, so wäre er seinem Feind oftmals hilflos ausgeliefert. Der Körper und der Schwanzstiel des Fisches müssen starke schlängelnde Bewegungen ausführen, damit der Fisch sich einigermaßen schnell durch das Wasser bewegen kann.

Die Rückenflosse

Sie trägt den lateinischen Namen Dorsale. Ihre Funktion ist das Stabilisieren beim Schwimmen. Wir könnten auch sagen, dass die Rückenflosse das Lenkrad des Fisches ist, da diese verhindert, dass er umkippt, sobald er beispielsweise eine Kurve nimmt.

Rückenflossen haben verschiedene Typen von Flossenstrahlen. Hier wird zwischen Weichstrahlen und Hartstrahlen unterschieden. Hartstrahlen sind ungegliederte, meist glatte Knochenstücke, Weichstrahlen bestehen aus zwei miteinander verwachsenen Hälften. Anhand der Typen kann auch die Art des Fisches bestimmt werden. Echte Hartstrahlen sind nur bei den Stachelflossern zu finden.

Die Afterflosse

Sie wird auch als Analflosse oder Anale bezeichnet. Ihre Funktion ist der der Rückenflosse ähnlich: Sie stabilisiert. Bei weiblichen Goldfischen ist sie verdickt, was sich allerdings nur feststellen lässt, wenn die Fische direkt miteinander verglichen werden.

Die Brust- und Bauchflossen

Sie werden auch als Pektorale und Ventrale bezeichnet. Diese Flossen dienen der Steuerung. Manchmal, vor allem wenn sich die Fische in stillem Gewässer aufhalten, schwimmen sie ruhig daher. Eben diese Bewegungen werden ebenfalls mit den Brust- und Bauchflossen gesteuert. Sie helfen dem Fisch auch, die ruhige Position, während sie gründeln (also Nahrung vom Boden des Gewässers aufnehmen), beizubehalten.

Der Körper des Goldfisches ist hochrückig (sie weisen eine Art Buckel auf). Zudem besitzt er ein unterständiges Maul. Was das ist? Ich will es kurz erklären: Bei den meisten Fischen sitzt das Maul in der Mitte des Kopfes. Bei Goldfischen ist es jedoch so, dass es sich an der unteren Hälfte des Kopfes befindet.

Wenn Sie zwischen Männchen und Weibchen unterscheiden möchten, so müssen Sie die Fische ziemlich genau betrachten, da die feinen Unterschiede sonst nicht wahrgenommen werden. Tatsächlich ist es so, dass wir die Unterschiede zwischen Männchen und Weibchen bei einem Goldfisch erst dann erkennen, wenn diese ausgewachsen, also mindestens ein Jahr alt sind. In der Regel sind die Weibchen kleiner und dicker als ihre männlichen Artgenossen. Diese sind lang und schlank.

Zusätzlich lässt sich an der Kloake erkennen, ob der Goldfisch weiblich oder männlich ist. Während sie bei den Weibchen hervorsteht, ist diese bei den Goldfischmännchen nach innen gewölbt, lang gestreckt und schmal.

SKELETT UND INNERE ORGANE

Die äußere Form des Goldfisches haben Sie nun kennengelernt. Werfen wir an dieser Stelle noch einen Blick auf dessen Inneres.

Auch der Goldfisch hat eine Wirbelsäule. Diese trägt dessen Schädel, in welchem sich sein Gehirn befindet. Die Rippen und Gräten sind für den Schutz der inneren Organe zuständig. Goldfische haben im Übrigen auch einen Kiefer, allerdings ohne Zähne. Stattdessen sitzen am Ende der Mundhöhle an den Kiemenbögen jeweils vier Zähne, die zum Mahlen der Nahrung genutzt werden. Als Gegenstück zu diesen trägt der Fisch an der oberen Seite am Schlundknochen eine Knochenplatte, welche verhornt ist.

Einen Magen hat der Goldfisch nicht. Die Speiseröhre mündet direkt in den Mitteldarm hinein. Hier finden wir auch die Ausführgänge von Leber und Bauchspeicheldrüse wieder. Diese geben die Verdauungssäfte ab. Die Nährstoffe aus der Nahrung werden über die Darmschleimhaut direkt in das Blut aufgenommen.

Aus einer Aussackung des Vorderdarms geht die Schwimmblase mit zwei Kammern hervor. Schauen wir uns die Entwicklungsgeschichte an, hat diese den gleichen Ursprung wie die Lunge.

Die Lunge dient zur Atmung, die Schwimmblase jedoch nicht. Diese ist ein sogenanntes hydrostatisches Organ. Sie gibt Gase ab und nimmt Gase auf. Demnach ist sie für den Auftrieb des Fisches zuständig. So kann er in unterschiedlichen Wassertiefen schweben. Die Form der Schwimmblase sowie deren Position sind auch für die Lage des Fisches verantwortlich. Wir können sie auch ein wenig mit dem Trommelfell vergleichen, denn sie nimmt auch die Schallwellen auf. Durch die Weber-Knöchelchen werden die Schwingungen dann übertragen. Wussten Sie, dass Goldfische sogar sehr gut hören können?

Auch ein Goldfisch hat Nieren. Diese haben sogar sehr viel zu tun. Sie regeln den Wasserhaushalt und sorgen dafür, dass der im Meerwasser lebende Fisch einen hohen Flüssigkeitsbedarf entwickelt und der im Süßwasser lebende Fisch den Flüssigkeitsüberschuss verliert. Bei Süßwasserfischen wie dem Goldfisch hat das Gewebe der Fische einen sehr hohen Salzgehalt. Aus diesem Grund strömt ständig Wasser in den Fisch hinein, welches wieder ausgeschieden werden muss. Sind die Nieren schwer geschädigt, kann der Fisch daher stark anschwellen.

Goldfische verfügen über zwei Arten von Arterien Die afferenten Arterien des Fisches sind dafür zuständig, dass Blut vom Herzen ausgehend zu den Kiemen hineingetragen wird. Dort nimmt es den Sauerstoff aus dem Wasser auf und gibt Kohlendioxid ab. Zudem hat der Goldfisch auch efferente Arterien. Diese leiten das Blut von den Kiemen ausgehend in alle Körperteile. Die Zellen verbrauchen nun den Sauerstoff und produzieren Kohlendioxid. Zurück zum Herzen führen die Venen. Sie sehen also: Dieser Kreislauf unterscheidet sich vollkommen von dem menschlichen Kreislauf.

Der Fisch hat zudem auch ein Seitenlinienorgan oder anders: Mit Haarsinneszellen versehene Röhren. Deren Aufgabe ist es, Wasserbewegungen und die Druckunterschiede sowie tiefe Töne wahrzunehmen. Daraus entwickelte sich das ähnlich gebaute Innenohr.

Bei Zuchtformen ist der Körperbau immer wieder anders. Manche haben nur eine andere Färbung oder größen- und formveränderte Flossen. Es gibt aber auch Züchtungen, bei denen der Rumpf oder auch der Kopf eine deutliche Verdickung aufzeigen. Bei manchen ist es so, dass die Caudale (die Schwanzflosse) verdoppelt bzw. sich die zweilagige Schicht aufgespalten hat. Auch eine Möglichkeit ist das Fehlen der Dorsale (der Rückenflosse). Hin und wieder kommt es auch vor, dass nur kleine Reste der Rückenflosse vorkommen. Dies ist nicht absichtlich gezüchtet und gefällt kaum einem.

Manche Zuchtformen haben auf ihrem Kopf eine Kappe, welche aus Fettgewebe besteht. Auch normale Züchtungen lassen diese erkennen, bei bestimmten Züchtungen ist diese aber massiv verdickt.

Dann gibt es Züchtungen, bei denen die Augen stark vergrößert und hervorstehend sind. Durch die Überproduktion des Schilddrüsenhormons kommt es hier zu einer verdickten Netzhaut, welche die Ursache für diese sonderbaren Augenformen ist. Fische, die ein ungleichmäßiges Bindegewebe haben, können nach oben gedrehte Augen so wie der Himmelsgucker aufzeigen.

Das Blasenauge hat nach oben gedrehte Augen, unter welchen sich Blasen mit Lymphe befinden. Andere wiederum haben sogenannte Pompons, vergrößerte, fleischige Nasenhöcker. In seltenen Fällen haben Goldfischzuchten auch Quellkiemen. Hierbei handelt es sich um nach vorne gebogene Kiemen. Andere Zuchtformen haben halbkugelförmige Perlschuppen. Der Grund dafür sind Kalkeinlagerungen.

Ein typisches Domestikationsmerkmal ist auch ein verkürzter Gesichtsschädel und die Verschiebung unter den Hirnschädel. Dies ist beispielsweise bei Wakins der Fall. Die Fische können je nach Züchtung sehr mopsköpfig aussehen.

Es gibt Ryunkin-Formen, bei denen der Gesichtsschädel verkleinert und zugespitzt ist. Der Kopf ähnelt dem einer Maus. Den normalen Goldfischen fehlen Leisten am

Schädeldach, bei anderen wiederum erkennen wir einen vergrößerten Kopfauswuchs.

Ein weiteres Beispiel ist die stärker gekrümmte Wirbelsäule, welche bei manchen gestauchten Züchtungen auftreten kann. Allerdings ist das sehr selten der Fall. Bei normalen Goldfischen ist die Wirbelsäule unterschiedlich gekrümmt. Bei Hochzuchten kann die Wirbelsäule etwas verkürzt, dafür aber der Darm verlängert sein. Bei der gedrungenen Züchtung ist es so, dass die Kaudale Kammer der Schwimmblase deutlich kleiner ist. Manchmal hat diese auch einfach nur eine andere Position oder fehlt komplett.

Sie sehen also, dass es hier viele unterschiedliche Ausprägungen gibt, was auf die schon lange zurückliegende Zucht zurückzuführen ist. Im Laufe der Jahrhunderte sind so immer mehr unterschiedliche Eigenschaften entstanden.

Die Größe

Wie groß ein Goldfisch wird, hängt davon ab, wo er gehalten wird. Goldfische, welche in einem Aquarium leben, bleiben meist nur wenige Zentimeter groß. Andere wiederum, die beispielsweise in Gartenteichen oder auch in größeren Aquarien wie im Zoo zu finden sind, können bis zu zwanzig Zentimeter groß werden. Wenn die Fische sehr viel Platz zur Verfügung haben, können sie sogar eine beträchtliche Größe von bis zu fünfzig Zentimeter erreichen.

FREUNDE UND FEINDE

Jedes Tier hat in freier Wildbahn natürliche Freunde – aber auch Feinde! So auch unser lieber kleiner Goldfisch. Wenn Sie in einem Gartenteich oder im Aquarium gehalten werden, ist es eher selten, dass sie Feinde haben. Doch leider kommt es immer wieder vor, dass Menschen die Fische aussetzen, aus welchen Gründen auch immer. Daher sollten auch Sie sich ganz genau überlegen, ob Sie tatsächlich Goldfische halten möchten.

Goldfische, die ausgesetzt wurden, werden verwildern und leider kennen sie daher auch keine Feinde. Sie vertrauen quasi allen Lebewesen, die ihnen begegnen. Doch ihre auffällige Farbe wird ihnen zum Verhängnis. Sie können sich nicht gut verstecken und ihre Feinde finden sie schneller. Zudem werden sie so zu beliebter Beute. Nicht nur Raubfische jagen die kleinen Goldfische quer durchs Wasser, sondern auch Greifvögel, da sie die Fische bereits aus einigen Höhenmetern erspähen können.

Weitere Infos zu den Freunden der Goldfische erhalten Sie im späteren Kapitel zu den Mitbewohnern von Goldfischen.

- Kapitel 3 -

DAS LEBEN DES GOLDFISCHES

WIE LEBT DER GOLDFISCH?

Goldfische zählen zu den geselligen Schwimmern. Erst, wenn sie in einem kleinen Schwarm leben, fühlen sie sich so richtig wohl. Genau aus diesem Grund brauchen die schönen Fische auch Platz.

Sind sie klein, so ist es durchaus möglich, sie in einem normalen Aquarium zu halten. Sobald sie aber ausgewachsen sind, fühlen sie sich in einem Teich viel wohler, da sie sich dort richtig ausbreiten können. Wenn Sie überlegen, sich tatsächlich einen Goldfisch zuzulegen, sollten Sie beachten, dass Sie einen kleinen Schwarm kaufen, welcher am besten in einem Teich oder einem überaus großen Aquarium leben darf. Zudem sollten Sie auch wissen, dass sich Goldfische im Freien reichlich vermehren.

Goldfische gelten als friedliche Fische, welche ruhig im Teich umher schwimmen. Sie mögen es aber auch, im Boden zu graben. Sollten Sie also irgendwann einmal herausgelöste Pflanzen in Ihrem Teich entdecken, könnte es sein, dass Ihre Goldfische dafür verantwortlich waren.

Die verschiedenen Formen

Der Goldfisch ist ein Zuchtfisch. Heute wissen wir, dass es weit über 120 verschiedene Formen dieser Fischart gibt.

Ein Beispiel ist der Schleierschwanz, der, wie es der Name schon verrät, einen schleierartigen Schwanz hat. Ähnlich ist ihm der Fächerschwanz. Seine Schwanzflosse ähnelt ebenfalls einem Schleier, hat aber viel mehr die Form eines Fächers.

Weitere Formen sind beispielsweise der Löwenkopf. Seine Besonderheit ist der Kopf, welcher seltsame Auswüchse hat. Der Perlschupper, seine Schuppen sind aufgewölbt oder auch der Himmelsgucker, dessen Augen nach oben gerichtet und hervortretend sind.

Weitere bekannte und beliebte Arten von Goldfischen:

- Shubunkin
- Wakin
- Jikin (Pfauschwanz)
- Watonai (Waryu)
- Kinranshi (Goldenes Trübauge)
- Saras
- Shukin
- Black Moor

- Teleskopauge
- Ryukin
- Tancho
- Demekin
- Guckyn
- Hanafusa (Nasenbukett)
- Nankin
- Osaka-Ranchu (Osaka-Büffelkopf)
- Eierfisch
- Ranchu (Büffelkopf)
- Himmelsgucker (Celestial)
- Pompon
- Blasenauge (große Blasen)
- Krötenauge (kleine Blasen)
- Meteor
- Tosakin (Tosa)

Lebensdauer

Wenn Sie sich Goldfische zulegen möchten, ist es wichtig, sich auch mit den Lebenserwartungen dieser Tiere zu befassen. Goldfische können nämlich bis zu dreißig Jahre alt werden. Ein beträchtliches Alter für solch einen Fisch. Tatsache ist aber auch, dass sie in seltenen Fällen sogar um die vierzig Jahre leben können.

Wie alt ein Goldfisch tatsächlich werden kann, hängt nicht nur von seiner körperlichen Verfassung ab, sondern auch von den Bedingungen, unter denen er lebt. Ein Halter, der seine Fische pflegt und stets um deren Wohl bemüht ist, kann durchaus damit rechnen, dass seine Goldfische ein hohes Alter erreichen können.

Wenn Sie sich umhören und recherchieren, wie alt die Hochzuchten werden können, werden Sie leider oft lesen, dass diese früh verstarben, wenn Sie überhaupt etwas dazu finden. Bei der sogenannten Hochzucht steht gezielte Auswahl der Elterntiere und Selektion der Nachkommen auf bestimmte Merkmale im Mittelpunkt, durch die die Qualität der Tiere zunimmt. Leider muss ich an dieser Stelle sagen, dass hier die Haltung der Fische eine große Rolle spielt. Hochzuchten sind nicht für Anfänger geeignet. Leider kaufen sich aber dennoch häufig Menschen eben diese und sind letztendlich damit überfordert, wenn den Fischen irgendwas fehlt.

- Kapitel 4 -

DIE FORTPFLANZUNG

Von April bis Mai laichen Goldfische. Die Fortpflanzung gleicht einer Treibjagd, denn das Männchen jagt seine Angebetete quer durch das Wasser. Dabei stoßen sie immer wieder gegen deren Körper. Dies bewirkt, dass sie zur Ablage der Eier angeregt wird. Nach einer gewissen Zeit sind die Weibchen dann erschöpft, was wir ihnen nicht verübeln können. Sie sinken dann zu Boden. Und als wolle das Männchen dann seine Handlungen wieder gut machen, trägt es sein Weibchen mit der Schnauze nach oben an die Oberfläche. Dort legt das Weibchen dann zwischen 500 und 3.000 Eier. Diese werden nun vom Männchen befruchtet.

Nach fünf bis sieben Tagen ist es dann schon so weit. Die Larven beginnen zu schlüpfen. Diese sind fast durchsichtig und sehr klebrig. Daher bleiben sie zunächst an den Wasserpflanzen haften. Wenn Sie also einen Gartenteich anlegen und wollen, dass sich Ihre Goldfische fortpflanzen, sollten Sie unbedingt berücksichtigen, dass nicht nur ausreichend Platz vorhanden ist, sondern auch, dass die Fische genügend Pflanzen in ihrem Teich vorfinden.

Aus den winzigen, fast durchsichtigen Larven werden mit der Zeit kleine Jungfische. Diese ernähren sich von Mikroorganismen, welche sich im Wasser befinden.

Anfangs sind die kleinen Fischchen dunkelgrau. Sie färben sich erst nach zehn bis zwölf Monaten wie folgt: Vom Dunkelgrau gehen sie ins Schwarz über. Nach einiger Zeit beginnt sich deren Bauch goldgelb zu färben, bis sie schließlich ihre rot-orangene Farbe erhalten. Im letzten Schritt des Färbungsprozesses entstehen die weißen Flecken.

Bedingungen für die Fortpflanzung

Damit sich Goldfische fortpflanzen, müssen bestimmte Bedingungen erfüllt sein. Diese möchte ich Ihnen nun kurz erläutern:

1) Der Teich bzw. das Aquarium müssen groß genug sein, damit die Goldfische ihr Paarungsritual der Jagd durchführen können.
2) Verschiedene Ebenen sollten im Teich gegeben sein. Hierbei ist wichtig, dass der Teich an mindestens einer Stelle einen Meter Tiefe aufweist. Sie dienen den Fischen als Wohlfühlzonen.
3) Ausreichend Wasserpflanzen sind notwendig, damit sich die Larven daran festsetzen können. Außerdem schützen die Pflanzen die Jungtiere.
4) Die Temperatur des Wassers muss bei mindestens 15 Grad Celsius liegen. Vorher beginnen Goldfischweibchen nicht, sich zu paaren. Der Grund dafür ist, dass durch die steigenden Temperaturen der Bauch des Weibchens dicker wird, weil sich die Eier vergrößern.

   Im Sommer sollte die Temperatur des Wassers bei 18 bis 24 Grad Celsius liegen.

Daher ist es wichtig, dass Ihr Teich zur Hälfte im Schatten liegt.

Im Winter sollte die Temperatur nicht tiefer als bei sechs Grad Celsius liegen. Hier muss allerdings die jeweilige Zuchtform genau bekannt sein, da manche auch etwas wärmere Temperaturen im Winter benötigen.

Die richtige Temperatur können Sie gewährleisten, wenn der Teich nicht zu flach ist.

Goldfische sind sehr robuste Fische, wenn wir die Qualität des Wassers näher betrachten. Und doch fühlen sie sich wohler, wenn das Wasser eine bestimmte Qualität hat.

Tipp: Vor dem Einsetzen der Fische sollten Sie eine Analyse des Wassers durchführen beziehungsweise von einem Fachmann durchführen lassen.

Entscheiden Sie sich dafür, diese Analyse selbst vorzunehmen, sollten Sie sich nach folgenden Werten richten:

- PH-Wert: 7 bis 8
- Wasserhärte: 12 bis 18 dH
- Carbonat Härte: 10 bis 14 dH
- Weniger als 0,1 Milligramm Ammonium pro Liter

- Weniger als 0,1 Milligramm Nitrit pro Liter
- Weniger als 25 Milligramm Nitrat pro Liter
- Weniger als 20 Milligramm Kohlendioxid pro Liter

Die Wasserqualität muss stets in Ordnung sein, da die Fische sich sonst nicht wohlfühlen oder auch erkranken können.

5) Der Bodengrund des Teiches / Aquariums muss so natürlich wie möglich sein, da sie gründeln.
6) Wie bereits erwähnt, gründeln Goldfische. Dabei nehmen sie Wasserorganismen und Pflanzen als ihre Nahrung auf. Wenn Sie den Teich also artgerecht einrichten, müssen Sie nicht täglich Futter geben. Hierbei kommt es allerdings auch auf die Anzahl der Fische an. Bei einer hohen Anzahl ist es erforderlich, dass Sie zufüttern.
   Wenn Sie zufüttern, sollten Sie das Futter immer in einem Fachhandel kaufen. So sind Sie auf der sicheren Seite. In der Regel werden den Fischen Pellets, Flocken oder Granulat gegeben. Sie können ihnen aber auch ein wenig Freude mit etwas Abwechs-

lung bescheren. Hier eignen sich beispielsweise Mückenlarven und Wasserflöhe wunderbar.
Wichtig! Achten Sie darauf, dass keine Reste im Teich zurückbleiben, da dies der Wasserqualität massiv schadet. Es ist daher angebracht, die Fütterung in mehreren Etappen durchzuführen. Wenn nach zwei Minuten Futter übrigbleibt, gilt dies bereits als Futterrest.

Die richtigen Bedingungen sind das eine. Viel wichtiger ist jedoch, dass die Fische auch bereit sind, sich fortzupflanzen. Hier ist Ihre Bereitschaft zur Beobachtung gefragt.

Sobald das Männchen damit beginnt, sein Weibchen ständig anzustupsen, ist dies ein Zeichen dafür, dass sie bereit sind.

Der Laich

Der Laich des Goldfisches ist fast durchsichtig (er hat eine silbrig glänzende Farbe) und sehr klein. Sehr klein bedeutet, dass er nur wenige Millimeter groß ist. Sobald das Weibchen die Eier gelegt hat, werden diese von dem Männchen im Wasser befruchtet. Er heftet sich dann an den Pflanzen im Wasser an.

Die Larven sind von einem sogenannten Dottersack umgeben. Aus diesen ernähren sie sich in den ersten Tagen. Wenn sie dann geschlüpft sind, nehmen sie die Wasserorganismen auf.

Interessant ist auch, dass das Weibchen bis zu 3000 Eier absondert und dies während der Laichzeit bis zu zehn Mal geschehen kann. Wer jetzt die Zahlen zusammenrechnet, wird erschrecken und sich denken: Herrje, wohin soll ich nur mit all den Fischen? Hier kann ich Sie schnell beruhigen. Nicht aus allen Eiern werden Fische schlüpfen. Einige werden nicht befruchtet und wiederum einige werden von den erwachsenen Fischen bereits selbst aufgefressen.

SCHUTZMAßNAHMEN

Jeder, der sich selbst als Züchter versuchen möchte, muss in erster Linie dafür sorgen, dass der Laich geschützt wird, vor allem vor den gefräßigen Feinden. Nicht nur andere Fische, die vielleicht mit im Teich oder im Aquarium schwimmen oder andere Tiere, die den Laich von der Wasseroberfläche verzehren, zählen hier zu den Feinden. In erster Linie sind es nämlich die Artgenossen selbst, die den Laich als ihre Nahrung betrachten. Kurzum gesagt sind die schönen Zierfische Kannibalen.

Die Jungfische sind nach dem Schlüpfen gerade einmal zwei Millimeter groß. Sie haben zunächst eine dunkle Farbe, welche deren natürlicher Schutz ist. Zwischen all den Wasserpflanzen sind sie nur schlecht zu erkennen.

Wenn Sie sich als Züchter versuchen möchten, ist es ratsam, den Teich auf mehreren Ebenen anzulegen. Diese dienen nicht nur als Wohlfühloasen für die ausgewachsenen Tiere, sondern auch als Schutzraum für die Jungtiere. Bepflanzen Sie am besten eine flache Wasserstelle mit möglichst dichten Pflanzen. Dort können sich die Jungtiere wunderbar verstecken, da sie unter den dichten Pflanzen mit ihrer dunklen Farbe nicht auffallen und die ausgewachsenen Tiere schlecht in seichtem Gewässer schwimmen können.

Eine weitere Schutzmaßnahme wäre das Abfischen des Laiches. Diesen können Sie gleich nach der Befruchtung herausfischen und in ein Aquarium geben, wo die Jungtiere geschützt heranwachsen können. Hier ist allerdings Ausdauer und Geduld gefragt, da Sie die Fische genau beobachten müssen, damit Sie die Laichzeit und die Befruchtung nicht verpassen.

Wichtig ist, dass Sie das Aquarium artgerecht gestalten, denn die Jungtiere verbringen ihr erstes Lebensjahr darin, ehe Sie diese in den Teich setzen oder an Interessierte weitergeben.

Ein Aquarium hat immer ein Absauge-Rohr, damit das Wasser stets die beste Qualität hat und der Sauerstoffgehalt stimmig ist. Für die wenige Millimeter großen Jungfische ist dies jedoch sehr gefährlich. Es empfiehlt sich, dieses mit Vlies abzudecken, damit die kleinen Fische nicht dazwischen geraten.

- Kapitel 5 -

HALTUNG UND PFLEGE DER GOLDFISCHE

Einfache Goldfischarten sind nur wenig anspruchsvoll und damit auch einfach in der Haltung. Bei Zuchtfischen ist dies jedoch anders, da manche sehr empfindlich sein können. Daher sollten nur Menschen, welche bereits Erfahrungen mit Zuchtfischen sammeln konnten, auch diese halten.

In erster Linie brauchen die Fische Platz, egal ob einfacher Goldfisch oder Zuchtfisch. Das Teichbecken, welches Sie auswählen, sollte daher mindestens 1 Meter lang sein. Noch besser sind aber tatsächlich die Becken, welche deutlich über diese Größe hinausgehen. Ich rechne meist mit drei Liter Wasser pro Zentimeter Fisch. Demnach braucht ein zehn Zentimeter langer Fisch dreißig Liter Wasser.

Ein Goldfisch sollte jedoch nicht alleine gehalten werden, da er es liebt, unter Artgenossen zu sein. Sie sollten Ihre Goldfische unbedingt bei einem Fachmann erwerben, da dieser Ihnen alles, was Sie wissen müssen, erklären kann. Dieser wird Ihnen auch sagen, dass mindestens drei Goldfische zusammen gehalten werden sollten. In diesem Fall ist es wichtig, dass Sie darauf achten, ein Teichbecken zu kaufen, in welches mindestens neunzig Liter Wasser passen.

Zudem sollte das Becken verschiedene Ebenen haben, denn Goldfische lieben auch Abwechslung und die sogenannten Wohlfühlzonen zwischen den Pflanzen, in welche sie sich zurückziehen können. Verzichten Sie auf kleine kugelförmige Becken. Diese sind nicht artgerecht, sondern eher eine Tierquälerei. Auch ein Aquarium ist kein artgerechter Platz, um die schönen Zierfische zu halten, es sei denn, Sie haben so viel Platz, dass dieses überdurchschnittlich groß ausfallen kann. Die Haltung im Teich ist daher artgerecht und optimal.

Ein Teich und auch das Becken benötigen keine Heizung. Wenn Sie einen Teich anlegen, welcher mindestens einen Meter tief ist, können die Goldfische sogar im Winter draußen bleiben. Das Wasser friert dann nämlich nicht bis auf den Grund des Teiches / des Beckens zu.

Egal ob Sie sich für einen Teich oder ein Aquarium entscheiden: Wichtig ist, dass es eine Bodenschicht aus Kies gibt. Zudem sollten möglichst viele Wasserpflanzen eingepflanzt werden.

Natürlich können Sie den Teich oder das Aquarium auch dekorieren. Hierfür eignen sich große Steine, Teile von Wurzeln oder auch die Schalen von Kokosnüssen wunderbar.

von den schönen Fischen gefressen. Zudem ernähren sie sich außerdem von Wasserorganismen.

Wer erst seit wenigen Monaten einen Teich mit Fischen hat, kann dennoch beruhigt in den Urlaub fahren. Die Fische finden trotzdem etwas zum Fressen.

Wer sich Goldfische zulegt, muss sich natürlich auch mit der Frage, ob Goldfische Brot fressen dürfen, auseinandersetzen. Es ist nicht immer leicht, sein Haustier richtig zu ernähren. Manche mögen das spezielle Futter nicht, andere wiederum haben vielleicht Allergien, so was gibt es auch! Goldfische fressen beispielsweise für ihr Leben gerne Brot. Aber ist das überhaupt gesund für die schönen Zierfische?

Brot und andere Leckereien enthalten Kohlenhydrate. Diese werden im Verdauungstrakt verändert. Es bilden sich Gase, welche die Funktion der Schwimmblase beeinflussen können, aber leider negativ. Brot sorgt nicht gleich für den Tod des Fisches, aber es ist eben nicht gesund.

Ein weiterer negativer Aspekt der Brotfütterung ist, dass das Wasser darunter leidet, denn die Algenbildung wird gefördert. Zudem ist es so, dass zumindest Goldfische, die im Teich leben, in der Regel genügend Futter finden und wir sie daher eigentlich gar nicht füttern müssen. Wer dabei Zweifel hat und denkt, dass seine Fischlein verhungern könnten, kann alle paar Tage Fischfutter geben.

Wer Brot füttern möchte, sollte sich hinter die Ohren schreiben, dass es a) in geringen Maßen und b) nur sehr selten gegeben wird! Ratsam ist es allerdings nicht.

VITAMINE FÜR GOLDFISCHE

Viele Menschen nehmen zusätzliche Präparate, um ihren Vitaminhaushalt aufrecht zu erhalten. Aber benötigen Fische ebenfalls zusätzliche Vitamine? Schauen wir uns einmal an, welche Argumente dafür sprechen könnten:

- Vitamine erhöhen die Farbenpracht
- Im Wasser verliert der Fisch durch die Kiemen Vitamine
- Viele Vitamine, die sich im Futter befinden, werden bei der Verpackung zerstört (durch hohe Hitze)
- Bei hohen Temperaturen oxidieren viele Vitamine
- Bei zu viel Licht werden einige unbrauchbar
- Der Gehalt der Vitamine in der Fischnahrung ist irgendwann ungenügend
- Frostfutter kann durch Zugabe von Vitaminen verbessert werden
- Vitaminmangel kann bei Fischen nur schwer festgestellt werden

Diese Argumente sprechen dagegen:

- Abwechslungsreiches, frisches Futter: Vitamingabe nicht notwendig

Diese Nahrungsmittel sind natürlich und für Fische zu empfehlen:

- Gemüse
- Obst
- Tümpelfutter (lebendig)

Wann ist es sinnvoll, den Goldfischen zusätzlich Vitamine zu verabreichen?

- Bei Fischfuttergabe, welches über mehrere Monate gelagert wurde
- Das Trockenfutter ist bereits mehrere Monate geöffnet
- Bei gestressten oder kranken Fischen
- In der Laichperiode

Welche Vitamine sind notwendig?

- Vitamin A für das Sehvermögen
- Vitamin D für „Knochenbildung“ bei jungen Fischen
- Vitamin E für die Regulierung des Atemstoffwechsels
- Vitamin K für die Gerinnung von Blut
- Vitamin B1 für den enzymatischen Stoffwechsel
- Vitamin B2 für den Stoffwechsel (Kohlenhydrate)

- Vitamin B6 für den Stoffwechsel (Protein und Fett)
- Vitamin B12 für die Bildung roter Blutkörperchen
- Vitamin C für das Wachstum

Wie werden den Goldfischen Vitamine gegeben?

Vitamine werden mit der Nahrung verabreicht, das ist ganz klar. Aber Fische sind auch dazu in der Lage, selbst Vitamine herzustellen.

Wie Sie vielleicht wissen, gibt es wasserlösliche und nicht wasserlösliche Vitamine. Goldfische benötigen beide Kategorien. Geben wir wasserlösliche Vitamine in das Wasser, nehmen die Fische diese ganz einfach über ihre Kiemen auf. Wichtig ist, dass die Konzentration der Vitamine groß ist. Leider gehen viele Vitamine auch schnell verloren, da nicht alle aufgenommen werden können. Vitamine, die wasserunlöslich sind, aber einfach nur ins Wasser gegeben werden, können Fische gar nicht aufnehmen.

Am besten ist es, diese unter das Futter zu mischen. Beispielsweise gibt es Pasten, die sich sehr gut an das Futter anheften. Goldfische lieben beispielsweise Wasserflöhe. Fressen diese Vitamine, haben auch die Goldfische sehr viel davon. Es mag ein wenig unschön klingen, aber der Mageninhalt dieser Tiere ist sogar noch nahrhafter als das Tier selbst.

Wie viele Vitamine werden von Goldfischen benötigt?

Gleich zu Beginn möchte ich Sie wissen lassen, dass eine Überdosis an Vitaminen den Fischen genauso schaden kann wie ein Mangel an Vitaminen. Beispielsweise können Stoffwechselfunktionen oder die Arbeit der Nieren gestört werden. Daher ist es völlig ausreichend, wenn wir den Fischen zweimal in der Woche Vitamine zukommen lassen. Haben Sie frisches Futter, ist die Grundversorgung ausreichend. Es ist daher nicht notwendig, Ihren Goldfischen überhaupt zusätzliche Vitamine zu geben.

Sind Ihre Fische krank oder unter starkem Stress, können Sie ihnen aber durchaus auch täglich Vitamine verabreichen. Achten Sie dennoch auf ein solides Maß und übertreiben Sie es nicht. Viel hilft eben auch bei Fischen nicht immer viel.

GOLDFISCHE BENÖTIGEN PLATZ

Sie mögen als recht einfach gelten, weil sie nur im Kreis schwimmen und hin und wieder ein paar Luftblasen ausstoßen, welche sie an die Oberfläche schicken. Manchmal gucken sie auch neugierig aus dem Wasser oder durch die Glasscheibe des Aquariums. Genau dieses Bild haben viele vor Augen, wenn sie an den Goldfisch denken oder sich diesen Fisch zulegen möchten.

Tatsächlich ist es jedoch so, dass sie viel Platz benötigen. Die kleinen runden Goldfischgläser sind daher nichts anderes als Tierquälerei. Zudem mangelt es dem Tier an Sauerstoff und die runde Form stört die Orientierung des Fisches.

Auch wenn nun klar ist, dass Sie die runden Gläser ausrangieren können, ist dennoch nicht genug damit getan, wenn Sie ein größeres Gefäß mit Wasser befüllen und den Fisch ab und an füttern. In den kommenden Kapiteln erhalten Sie dafür einen Überblick, welche weiteren Maßnahmen nötig sind, um dem Goldfisch ein artgerechtes zu Hause bieten zu können.

Der Goldfisch verträgt keinen Lärm

Es ist kaum zu glauben, aber der kleine robuste Goldfisch verträgt tatsächlich keinen Lärm. Wenn deren Umgebung recht laut ist, kann er sogar schwerhörig werden. Bereits zehn Minuten langer Lärm kann dafür sorgen, dass der Goldfisch leise Geräusche nicht mehr hören kann. Es kann mehrere Wochen lang dauern, ehe die Schwerhörigkeit wieder nachlässt. In dieser Zeit haben die Fische arge Probleme bei der Orientierung und bei der Partnerwahl.

Ein Goldfisch hat ein außergewöhnlich gutes Gehör, wodurch er auf laute Geräusche auch so empfindlich reagiert. Die Schwimmblase hat bei ihm die Wirkung eines akustischen Verstärkers. Durch diese werden Schallwellen aufgenommen und an das Innenohr des Goldfisches weitergeleitet.

Die Forscher Michael Smith, Andrew Kane und Arthur Popper untersuchten, welche Auswirkungen Lärmbelästigung bei den Fischen haben kann. Hierzu setzten sie einen Unterwasserlautsprecher ein. Dieser sorgte für lautes Wasserrauschen. Die Forscher fanden heraus, dass schon zehn Minuten unter diesen Bedingungen ausreichten, um Stresshormone bei den Fischen freizusetzen und dass diese kurze Zeit auch dafür sorgte, dass deren Gehör beeinträchtigt war.

Der Stress ging zwar bei längerem Hören des Lärmes weg, jedoch nahm der Hörschaden immer mehr zu. Es dauerte einige Wochen lang, ehe sie wieder gut hören konnten.

Das Wasser für das Aquarium

Zwanzig bis fünfzig Liter pro Fisch, so viel Wasser sollte das Beckenfassen können. Lassen Sie sich am besten von einem Spezialisten beim Kauf beraten und überlegen Sie im Vorfeld ganz genau, wie viele Fische Sie sich zulegen möchten. Wichtig ist, dass Sie mindestens drei Goldfische kaufen, da sie die Einsamkeit nicht gut vertragen würden.

Haben Sie sich für ein ausreichend großes Aquarium bzw. Teich entschieden, so ist das nächste, worüber Sie sich sicher Gedanken machen, welches Wasser Sie nutzen.

Die Antwort auf die Frage ist einfach: Sie können ganz normales Leitungswasser nutzen. Im Idealfall befüllen Sie das Becken bereits sechs Wochen bevor Sie die Fische hineinsetzen. So können sich Bakterien bilden, welche die Fische benötigen.

Der Filter

Um die Wasserqualität stets konstant zu halten, ist es wichtig, dass Sie einen Filter kaufen. Hier gilt es darauf zu achten, dass dieser auf die Größe des Beckens abgestimmt ist. Ein Filter hat den Vorteil, dass das Wasser mechanisch, dafür aber biologisch gereinigt wird.

Warum das überhaupt nötig ist? Nun, auch ein Fisch muss manchmal auf die Toilette gehen und da dieser keine Vorrichtung dafür hat wie wir, wird das Wasser dadurch schneller verunreinigt. Aber auch Lebensmittel, die nicht sofort verspeist werden und im Wasser umhertreiben, können die Qualität des Wassers erheblich beeinträchtigen.

Achten Sie stets darauf, wie der Filter arbeitet. Wenn dieser nicht mehr optimal reinigt oder für einen guten Wasserdurchfluss sorgt, sollte er gereinigt werden, denn durch das ständige Säubern des Wassers bleibt der Schmutz an ihm hängen.

Um ihn zu säubern, können Sie ihn einfach im Aquariumwasser hin und her schwenken und gegebenenfalls auch mit einer feinen Bürste reinigen. So sorgen Sie dafür, dass die Bakterien im Wasser enthalten bleiben. Sie können ihn aber auch unter fließendem Wasser im Waschbecken reinigen, wenn Sie das Gefühl haben, er wird nicht richtig sauber.

Regelmäßiger Wasserwechsel

Es ist nicht nur wichtig, dass Sie den Filter regelmäßig reinigen. Manchmal ist es auch erforderlich, das Wasser zu wechseln. Hier müssen Sie jedoch nicht den kompletten Inhalt des Aquariums austauschen. Es genügt, wenn Sie zehn bis dreißig Prozent des Wassers austauschen. Hierfür ist ein drei Wochen Rhythmus angebracht.

Um die Scheiben zu reinigen, gibt es im Fachhandel einen Reinigungsmagneten. Diesen können Sie einmal pro Woche anwenden. Dies ist wichtig, da sich der Schmutz an den Scheiben sehr schnell absetzen kann. Es ist allerdings auch so, dass der Boden des Aquariums ebenso ein Ort ist, wo sich der Schmutz sammelt. Daher ist es hin und wieder erforderlich, das gesamte Becken zu reinigen.

Aber wohin mit den Fischen, werden Sie sich jetzt sicher fragen. Im besten Fall haben Sie ein Ersatzaquarium. Sie können die Fische aber auch in eine oder – wenn Sie sehr viele Fische haben – in mehrere große Schüsseln geben. Das Reinigen dauert nicht allzu lange.

Die Teichreinigung

Wenn Sie Ihre Fische in einem Teich halten, so müssen Sie auch hier ab und an Hand angelegen und diesen reinigen. Hier gibt es jedoch eine wichtige Regel: Messen Sie stets die Wassertemperatur. Diese muss bei mindestens elf Grad Celsius liegen. In den Herbst und Wintermonaten sollten Sie daher auf die Reinigung verzichten. Grund dafür ist, dass die Fische Winterstarre halten. Wenn Sie vor März mit der Teichreinigung beginnen, so würden Sie die Tiere nur stören und Stress verursachen, was für deren Gesundheit nicht förderlich ist.

Bei der Säuberung an sich werden alte Pflanzenreste wie Laub und abgestorbene Pflanzenteile entfernt. Das ist von besonderer Bedeutung, da sich sonst vermehrt Algen bilden und vermehren können. Aber auch der Teichboden muss gereinigt werden. Hier können Sie sich von einem Fachmann beraten lassen, welcher Ihnen einen guten Schlammsauger empfehlen kann. Damit die Teichpflanzen wieder gut wachsen können, sollten Sie diese auch hin und wieder zurückschneiden.

Im Frühjahr ist es wichtig, dass Sie den pH-Wert Ihres Teichwassers regelmäßig – am besten täglich – messen. Dieser liegt optimalerweise zwischen sieben und acht. Ebenso wichtig ist die Kontrolle des Karbonat-Härte-Wertes. Hier wird die Härte des Wassers kontrolliert. Der beste Wert liegt zwischen sechs und zehn °dH (Grad deutscher Härte). Dieser Wert ist besonders für die Entwicklung von Wasserlebewesen wichtig. Diese winzigen Tierchen fressen Algen und verhindern so, dass sich diese unkontrolliert ausbreiten können. Ein natürlicher Filter also, wenn wir es so betrachten möchten.

Im Gartenfachhandel können Sie dafür einfache Test-Sets erwerben. Um sicherzugehen, dass Ihr Teich ein gesundes Biotop ist, ist es ratsam, die Wasserwerte regelmäßig zu überprüfen.

Durch Schnee und Regen wird während der kalten Jahreszeit das Wasser im Teich häufig mit weichem, kalkarmem Wasser verdünnt. Das Regenwasser fällt direkt hinein, der Schnee liegt auf der dünnen Eisschicht und beide schmelzen bei zu warmen Temperaturen ein. Dies ist dann der Grund, weshalb im Frühjahr die Karbonat-Härte-Werte zu niedrig sein können. Wenn er unter 5°dH liegt, müssen Sie Mineralstoffe hineingeben, damit die Werte sich wieder stabilisieren können. Diese erhalten Sie ebenfalls im Fachhandel.

NEUE PFLANZEN

Natürlich möchten die meisten oft direkt im Frühjahr damit beginnen, den Garten und den Teich wieder aufzuhübschen, doch dies ist hier nicht zu empfehlen, da die Fische noch nicht wieder aktiv sind und die ein oder andere Nacht Frost mit sich bringen könnte.

Die beste Zeit, um den Gartenteich mit neuen Pflanzen zu bestücken, ist der Monat Mai. Nun können Sie Wasserlilien, Seerosen oder Seegras einpflanzen. Ein Trick, damit diese nicht aufschwimmen, ist, etwas Kies auf deren Wurzeln zu geben. Dieser wirkt wie ein Gewicht und macht es möglich, dass die Pflanzen gut anwachsen können.

Krebsscheren, Froschbiss oder Wasserlinsen können Sie ebenfalls in Ihren Teich integrieren. Sie sind nicht nur eine wunderschöne Dekoration, sondern sorgen ebenfalls dafür, dass sich die Algen nicht vermehren können.

Selbstbedienung, das Buffet ist eröffnet

Damit Ihre Goldfische die Pflanzen nicht gleich komplett auffressen, ist ein guter Mix zu empfehlen.

Bepflanzen Sie eine Seite mit robusten Gewächsen wie Sumpfschrauben. Diese werden von den Goldfischen ungern gefressen. Auf der anderen Seite können Sie schnellwüchsige Pflanzen wie Wasserpest pflanzen. Diese sind für die Goldfische schmackhafte Leckerbissen.

Sicherung für den Teich

Ein Gartenteich kann ein wundervoller Hingucker sein. Aber ebenso stellt er gerade auch für Kleinkinder oder andere Tiere eine Gefahrenquelle dar. Daher ist es wichtig, dass Sie regelmäßig einen Sicherheitscheck vornehmen.

Sie können beispielsweise rings um den Teich einige Rosen anpflanzen. Kinder schrecken hier oft zurück, weil sie die Stacheln fürchten. Eine weitere Möglichkeit ist, sogenannte Baustahlgitter einzusetzen, welche direkt unter der Wasseroberfläche eingesetzt werden oder alternativ ein Drahtzaun. Aber, und daran sollten sich nicht nur Teichbesitzer halten: Generell gilt, dass Kinder nie unbeaufsichtigt in Wassernähe spielen sollten. Selbst der beste Schutz kann eine Gefahr nie gänzlich ausschließen.

BRAUCHEN GOLDFISCHE EINE HEIZUNG?

Goldfische sind robust, Goldfische sind die Wildschweine unter den Fischen – doch wie steht es eigentlich um Fragen wie: Brauchen Goldfische eine Heizung? Die Antwort darauf lautet: Nein. Goldfische fühlen sich am wohlsten, wenn das Wasser ca. sechzehn bis zwanzig Grad hat.

Wenn Sie Ihr Aquarium jedoch in einem Zimmer haben, wo es sehr kalt ist, sollten Sie stets darauf achten, dass das Wasser eben diese Temperatur nicht unterschreitet. In dem Fall ist eine Heizung tatsächlich durchaus angebracht. Aber seien wir einmal ehrlich: Was bringt es, ein Aquarium in ein Zimmer zu stellen, in dem es sehr kalt ist? Da haben wir selbst doch gar keine Lust, den Fischen beim Schwimmen zuzusehen.

Die Einrichtung des Aquariums

Die Einrichtung des Aquariums ist praktisch so, als würden wir uns Gedanken machen, was uns in der eigenen Wohnung gefallen könnte. Das heißt, dass die Eigenheiten und Vorlieben der Fische stets mit in Betracht gezogen werden sollten.

Goldfische sind lebhaft und schwimmen gerne. Daher ist es wichtig, dass sie dafür auch eine ausreichende freie Schwimmfläche zur Verfügung haben. Hier spielt auch eine freie Bodenfläche eine wichtige Rolle, denn Goldfische gründeln sehr gerne.

Für den Boden ist daher folgende Ausstattung zu empfehlen: Sand oder Kies, Wurzeln, Wasserpflanzen, Steine. Die Grünpflanzen sorgen für ein gewisses Maß an Abwechslung und beschäftigen die Goldfische. Diese knabbern gerne herum und mögen es, sich verstecken zu können.

DIE MITBEWOHNER DER GOLDFISCHE

Ein Aquarium ist nicht nur ein Stück Natur im eigenen Haus oder ein wunderbarer Zeitvertreib. Es kann ebenso eine kunterbunte, lustige Fisch-WG sein. Goldfische sind sehr gesellig, das wissen Sie bereits. Doch wie verhält sich das mit anderen Fischen oder Tieren? Können sie tatsächlich auch mit anderen zusammenleben? Werfen wir hier einmal gemeinsam einen Blick drauf.

Andere Goldfische:

Möchten wir einen lustigen Film über das Leben eines Goldfisches drehen, könnte der Titel lauten: „Ein Goldfisch kommt nicht gerne allein“ mit dem Untertitel: „Kaufe mehr, das freut ihn sehr.“

Es ist tatsächlich so, dass Sie sich mehrere Goldfische zulegen sollten, denn sie lieben die Gesellschaft der anderen. Zudem kann es einem Fisch im Aquarium auch schnell langweilig werden, wenn sie darin alleine herumschwimmen müssen. Es entspricht mitnichten einer artgerechten Haltung!

Die verschiedenen Zuchtformen weisen oft Unterschiede bezüglich ihrer Bewegungsart und Bewegungsintensität auf. Informieren Sie sich bei Ihrem Spezialisten also genau, welche Formen zusammen gehalten werden können. Der

Grund dafür ist, dass die schnelleren Fische den langsameren einiges an Futter wegfressen können. Eine wunderbare und vor allem unkomplizierte Variation ist zum Beispiel der normale Goldfisch mit dem Schleierschwanz.

Andere Fische:

Tatsächlich es besser, wenn ein reines Goldfischbecken angelegt wird. Der Grund dafür ist nicht, dass sich die Goldfische nicht mit anderen Arten vertragen würden. Vielmehr ist es so, dass Goldfische die subtropischen Temperaturen bevorzugen. Tropische Fische vertragen diese jedoch nicht.

Wer denkt, dass die heimischen Kaltwasserfische in die Fisch-WG geholt werden können, der irrt, denn diese mögen die wärmeren Temperaturen nicht. Gestreckte Goldfische können zwar durchaus in ein Kaltwasserbecken gesetzt werden, aber hier ist der technische Aufwand sehr hoch.

Halter, die dennoch kein reines Goldfischbecken möchten, können sich folgende andere Fische zulegen:

- Prachtbarben
- Messingbarben
- Odessabarben
- Zebrabärblinge
- Schlammpeitzger

- Asiatische Pendants (Wichtig ist, dass das Becken groß genug ist und einen Sandboden hat)
- Moderlieschen

Katzenwelse sind zwar schön anzusehen, können aber für den Goldfisch durchaus gefährlich werden. Es gibt keine Garantie, dass der Katzenwels den schönen Zierfisch nicht auf seine Speisekarte setzt.

Viele der genannten Arten zählen zu den Schwarmfischen. Daher ist es wichtig, dass Ihr Becken groß genug für alle ist. Stellen Sie sich einmal vor, Sie müssten auf engstem Raum mit verschiedenen Familien zusammenleben. Das würde Ihnen gewiss nicht gefallen.

Wirbellose Tiere:
Schnecken sind wunderbare Aquarientiere. Die meisten von ihnen lassen sich sogar hervorragend mit Goldfischen zusammen halten. Eine massenhafte Vermehrung der Schnecken braucht nicht befürchtet zu werden, denn die Goldfische schaffen hier Abhilfe. Dekorativ und robust sind Sumpfschnecken und Posthornschnecken.

Sie können zudem auch ausprobieren, ob Goldfische mit Garnelen zusammenleben wollen. Allerdings sollten Sie hierfür mehrere Wochen einplanen und die Tiere gut beobachten. Leider kommt es oft vor, dass die Goldfische die Garnelen im wahrsten Sinne des Wortes zum Fressen gerne haben.

Krebse, die pflanzenverträglich sind, können durchaus sehr gut mit dem beliebten Zierfisch zusammenleben. Möchten Sie diese mit Kometenschweifen zusammen halten, ist ein ausreichend großes Becken von Nöten. Es benötigt sozusagen jeder seinen Freiraum. Wer gestauchte, langflossige Zuchtformen in seinem Becken hat, sollte sich jedoch keine Krebse halten.

AUCH EIN GOLDFISCH WILL VERWÖHNT WERDEN

Mit Sicherheit wissen Sie, dass Sie Ihre Haustiere wie Hunde und Katzen wunderbar verwöhnen können. Ein Leckerli hier, ein neues Spielzeug dort und eine zärtliche Streicheleinheit, wenn das Tier zu einem auf die Couch kommt. Doch ist es auch möglich, seine Goldfische zu verwöhnen? Immerhin können Sie ihnen kein Spielzeug schenken oder ihnen den Bauch kraulen.

Aber, und das wird Sie vielleicht erstaunen, Sie können tatsächlich auch Ihre Goldfische verwöhnen! Sie fragen sich, wie das gehen soll, außer ihnen besonderes Futter zugeben? Nun, dann sollten Sie dringend weiterlesen.

Goldfische sind von Natur aus sehr neugierig und werden hin und wieder an der Oberfläche Ihres Teiches auftauchen, sobald sie Sie kennen und Sie am Teich vorbeischauen. Oftmals tummeln sich die schönen Zierfische dann an der Oberfläche und betteln Sie förmlich an, denn sie haben sich gemerkt, wenn der Mensch kommt, gibt es etwas Leckeres zu fressen.

Hin und wieder können Sie Ihren Fischen daher auch eine extra Portion Futter zukommen lassen. Wichtig hierbei ist, dass Sie während der Fresszeit in der Nähe bleiben und die Überreste sofort entfernen, um das Klima des Teiches zu erhalten.

Eine weitere Möglichkeit zum Verwöhnen ist das Einsetzen neuer Pflanzen, die den Fischen als Nahrungsmittel, Sauerstoffspender und vor allem als Versteckmöglichkeiten dienen. Dort können sie ihren Spieltrieb mit den Artgenossen ausleben, denn Fische lieben es, sich gegenseitig durch das kühle Nass zu jagen.

Zum Verwöhnen zählt auch die regelmäßige Kontrolle der Wasserwerte. Die Zufuhr von frischem Leitungswasser bietet den Fischen ebenso Spaß, da durch das Hineinströmen einige Wasserbläschen entstehen, denen sie nachjagen können.

Und auch wenn Sie selbst nicht sehen, was am Grund des Teiches geschieht, so können Sie auch dort ein paar tolle Versteckmöglichkeiten einsetzen. Die Dekoartikel, welche Sie für das Aquarium nutzen können, sind auch für den Gartenteich einsetzbar.

Also, worauf warten Sie noch? Probieren Sie es aus und bieten Sie Ihren Fischen Abwechslung und Unterhaltung.

So sollte ein Goldfisch beerdigt werden

Viele Menschen mögen denken, dass es kein Problem ist, tote Goldfische in der Toilette herunterzuspülen. Ist es vielleicht auch nicht, aber es ist ebenso wenig schön.

Bei Goldfischen ist es so wie bei jedem anderen Haustier auch. Wir hängen an ihnen, obwohl wir sie nicht wie Hund und Katze streicheln oder knuddeln können. Und doch bringt es unsere Gefühlswelt ganz schön durcheinander, wenn einer der geliebten Goldfische ablebt. Wer Kinder hat, sollte hier besonders sensibel an das Thema herangehen.

Wenn das geliebte Haustier gestorben ist, denken viele darüber nach, wie es denn nun weitergehen soll. Wie verabschieden Sie Ihren Goldfisch würdevoll? Dazu möchte ich Ihnen etwas erzählen:

Interessant ist, dass seit vielen Tausend Jahren nicht nur Menschen rituell bestattet werden, sondern auch Tiere. Wer sich mit der Geschichte des alten Ägyptens auskennt, weiß, dass dort Katzen und Stiere als heilig galten. Daher wurden sie vor ihrem Begräbnis auch sorgsam einbalsamiert. Ein weiteres Beispiel ist die Pferdebestattung 700 bis 800 nach Christus. Zwar wurden diese nicht in dem Sinne begraben, wie wir ein Begräbnis kennen, aber sie wurden sorgfältig aufgerichtet. Das spricht von wahrer Tierliebe.

In unserer Zeit hat die Bestattung eines Haustieres keinen kultigen Trend. Es bietet dem Halter viel mehr die Möglichkeit, sich emotional und mit Würde von ihm zu verabschieden. Ein Begräbnis kann zudem dabei helfen, dass der Schmerz des Verlustes besser verarbeitet werden kann.

Und jetzt kommt das Spannende: Es stehen den Tierbesitzern zahlreiche Arten, ihr geliebtes Tier zu bestatten, offen. Ich möchte Ihnen ein paar vorstellen.

Die Erdbestattung

Auch ich habe gestaunt, als ich las, dass es Tierfriedhöfe gibt und davon sogar rund 120 in Deutschland! Da dieses Buch von Goldfischen erzählt, ist es nicht notwendig, die Bedingungen für eine Erdbestattung auf dem eigenen Grundstück zu erwähnen. Der Goldfisch zählt zu den Kleintieren und seine Bestattung im Garten stellt somit kein Problem dar.

Graben Sie ein Loch, möglichst so tief, dass das Tier später nicht aus Versehen wieder ausgegraben wird. Wie Sie die Beerdigungszeremonie vollziehen, bleibt dabei Ihnen überlassen. Wenn Sie Kinder haben, sollten Sie diese mit einbeziehen und dem Goldfisch eine würdevolle Beerdigung mit Musik, Kerzen und was Sie sonst eben kennen gestalten.

Das tote Fischlein können Sie in ein Tuch hüllen und in eine kleine Schachtel legen. Die Kinder können gemalte Bilder oder gar Briefe mit hineinlegen. Schließen Sie die Schachtel. Tipp: Die Schachtel kann ebenso schön gestaltet werden.

Dann kann alles so ablaufen, wie es üblich ist. Blumen und Sand werden in das Grab gegeben, vielleicht auch ein paar Tropfen Wasser, denn immerhin handelt es sich um einen Goldfisch, und das Grab wird verschlossen. Zum Gedenken können Sie ein kleines Kreuz oder einen Stein, vielleicht auch eine Muschel oder andere Dinge, die an seinen Lebensraum erinnern, auf das Grab legen.

Die Feuerbestattung:

Ja, auch das ist möglich. Hierfür gibt es sogar schöne Urnen und Sie können diese mit nach Hause nehmen. Zudem ist es so, dass es verschiedene Varianten und Services gibt, unter denen gewählt werden kann.

Die Diamantbestattung

Dies ist eine Möglichkeit, die allerdings etwas kostspieliger wird. Damit ein künstlicher Diamant hergestellt werden kann, wird die Asche und ein wenig Fell des Tieres benötigt. Ein Fisch hat natürlich kein Fell, aber viele Anbieter bieten hierfür auch andere Möglichkeiten an. Der Preis für die Diamantherstellung liegt bei ca. 1.500 €, kann aber natürlich variieren. Es ist auch möglich, dass der Diamant gleich als Schmuckstück angefertigt wird. Beispielsweise als Ring oder

Kettenanhänger. So können wir unser Tier immer bei uns tragen.

Die Seebestattung

Hierbei ist es notwendig, das Tier einäschern zu lassen, da dies nur mit einer Urne durchgeführt werden kann. Ich bin mir zudem sicher, dass Sie Ihren Goldfisch nicht einfach so ins Wasser geben wollen, denn dann wird er sicherlich von anderen Tieren gefressen. Die Kosten hierfür sind natürlich auch etwas höher.

Die Weltraumbestattung

Gibt es nicht? Ich belehre Sie eines Besseren, denn diese Art, ein Tier zu bestatten, gibt es tatsächlich. Allerdings liegen die Kosten hierfür bei mindestens 5.000 € und das können und wollen sich die wenigsten leisten.

- Kapitel 6 -

ANSCHAFFUNG UND KOSTEN

Nachdem Sie sich nun intensiv mit dem Tier und seinen Eigenarten, seinen Vorlieben, seinem Paarungsverhalten und seiner Pflege sowie vielen anderen Punkten befasst haben, ist es an der Zeit, sich über die Anschaffung und den Unterhalt des Goldfisches Gedanken zu machen. Auch diese beiden Punkte sind von großer Bedeutung, bevor Sie sich tatsächlich für die Haltung von Goldfischen entscheiden.

ANSCHAFFUNG UND KOSTEN FÜR DAS AQUARIUM

Wenn es darum geht, wo Sie am besten Ihre zukünftigen Fische kaufen, so bieten sich viele Möglichkeiten. Im Fachhandel, beim Züchter, im Zoogeschäft oder sogar online. Doch welcher ist der richtige Weg? Wofür sollten sich Interessenten entscheiden?

Erst mal muss dies jeder mit sich selbst ausmachen, da der Kauf immer mit Kosten verbunden ist. Die Finanzierung des Aquariums oder Teiches an sich sowie dessen Zubehör von Pumpe bis Filter war sicher schon enorm. Hier denkt sich der ein oder andere gewiss, dass er für die Tiere nicht ganz so viel ausgeben möchte. Verständlich, wenn wir uns die Gesamtkosten, welche im nächsten Punkt genauer beschrieben werden, anschauen.

Und doch ist es ratsam, auch hier nicht den billigsten Verkäufer auszuwählen und sich stattdessen für den Fachmann zu entscheiden. Ein Fachmann kann hier der Zoologe oder Berater in der Tierhandlung sein. Beide sind geschult und können mit Ihnen ein umfangreiches Beratungsgespräch führen.

Wenn Sie Zuchtfische kaufen wollen, ist hier der beste Ansprechpartner definitiv ein Züchter. Von ihm erhalten Sie alle wichtigen Informationen über den Zuchtfisch. Zudem hat dieser die Zuchtpapiere vorliegen.

Aber auch hier ist Vorsicht geboten, denn nicht jeder, der sich als Züchter bezeichnet, ist auch ein richtiger Züchter. Überprüfen Sie im Vorfeld, ob dieser in einem Zuchtverein ist. Wenn er Ihnen den Verein namentlich benennt, können Sie diesen kontaktieren und nachfragen, ob der Züchter tatsächlich ein Mitglied ist.

Hier eine kleine Checkliste, die Ihnen dabei hilft, einen guten und seriösen Züchter zu erkennen.

1) Es wird ein angemessener Preis genannt.
2) Er gewährt Ihnen Einsicht in die wichtigen Papiere.
3) Besuchstermine werden ermöglicht.
4) Das Aquarium oder der Teich sind gepflegt.
5) Der Züchter erkundigt sich, wohin die Fische kommen.
6) Es wird ein schriftlicher Kaufvertrag aufgesetzt.
7) Die Tiere werden im Vorfeld untersucht und geimpft.
8) Der Züchter ist Mitglied eines Zuchtvereins.

Unterhaltung:

Mit diesem Unterpunkt möchte ich Ihnen aufzeigen, was Sie für ein Aquarium oder einen Teich brauchen, in dem Sie Goldfische halten möchten. Zudem stelle ich Ihnen eine Liste mit den ungefähren Kosten zusammen. Hier der

Die Dekoration:

Selbstverständlich möchten wir den Fischen nicht nur einen natürlichen Lebensraum bieten. So ein Aquarium soll natürlich auch ein Hingucker sein. Hier kommt die Dekoration ins Spiel. Jeder hat hier seinen eigenen Geschmack. Es folgen ein paar Beispiele:

- Korallen: 15,00 €
- Burg: 15,00 €
- Baumstamm: 15,00 €

Die Pumpe und der Filter:

Beide sind für ein Aquarium sehr wichtig, denn sie sorgen dafür, dass das Wasser sauber und in Bewegung bleibt. Ein Filter reduziert zudem die Bildung von Algen. Pumpe und Filter kosten jeweils ab 15,00 € aufwärts. Hier spielt die Größe und das Fassungsvermögen des Beckens eine wichtige Rolle.

Die Beleuchtung:

Da den Fischen das natürliche Sonnenlicht fehlt, wenn diese im Aquarium leben, ist hier natürlich auch die Beleuchtung wichtig. Eingesetzt werden hier oft Leuchtstoffröhren (T8-Röhren), welche einen Tag-Nacht-Rhythmus gewährleisten. Diese sind bereits ab 10,00 € zu bekommen.

Der Mulmsauger:

Dieser ist wichtig, um auch den Boden von Ablagerungen und schädlichen Bakterien zu befreien. Dieser ist bereits ab 5,00 € zu kaufen.

Der Putzmagnet:

Auch dieser ist wichtig, um das Aquarium optimal zu reinigen. Er ist zudem einfach zu bedienen, da er einfach an beiden Seiten der Scheibe (innen und außen) befestigt wird und Sie den äußeren Magneten einfach hin und her bewegen, als würden Sie die Fenster putzen. Der Preis beginnt hier bereits ab 5,00 €.

ANSCHAFFUNG UND KOSTEN FÜR DAS ANLEGEN EINES GARTENTEICHES

Vielleicht entscheiden Sie sich nicht für ein Aquarium, sondern für einen Gartenteich. Um Ihnen eine Entscheidungshilfe zu geben, wird dieser Teil des Kapitels Ihnen aufzeigen, welche groben Kosten auf Sie zukommen können. Auch hier gilt, dass die Preise je nach Wahl des Marktes variieren können. Die aufgezeigten Punkte sind nur ein grober Richtwert.

Es ist im Vorfeld wichtig, dass Sie sich genau überlegen, ob Sie den Teich selbst anlegen möchten oder ob Sie jemanden beauftragen möchten. Die zweite Variante wird dabei deutlich höhere Kosten verursachen.

Die Fische:
Goldfische sind Schwarmtiere. Daher sollten Sie mindestens drei Fische kaufen. Für einen Teich können Sie Goldfische wählen, die größer sind, da hier, je nach dem wie Sie sich entscheiden, die zur Verfügung stehende Fläche viel größer ist. Dafür liegt der Preis pro Fisch dann auch höher als bei den Aquariumfischen.

Das Teichbecken:
Die Wahl des Teichbeckens ist die erste, welche Sie treffen müssen. Sie können ein Fertigbecken wählen oder aber sich

als Selbstbauer versuchen. Wenn Sie ein fertiges Becken wählen, sind die Kosten jedoch weitaus geringer.

Folgende Punkte sind für Ihre Entscheidung zu beachten:

- Teichgröße
- Teichtiefe

Pro 150 Liter Wasser können fünf Fische gehalten werden. Ein Fertigbecken für dieses Fassungsvermögen kostet ca. 40,00 bis 50,00€ je 100 Liter Wasser.

Der Aushub:

Lassen Sie den Aushub durch ein Unternehmen durchführen, können Sie hier mit folgenden Kosten rechnen: Folienteich oder Fertigteich pro m^2 40,00 – 130,00 €. Wer es selbst angeht, kommt natürlich günstiger weg, sollte aber viel Zeit einplanen und sich eine Lösung für die doch enormen Mengen an Erde überlegen.

Der Sand:

Auch in einem Teich darf der Sand nicht fehlen, da Fische das Gründeln lieben. Hier kommt es ebenfalls auf die Teichgröße an, da ein größeres Becken mehr Sand benötigt.

Hierfür müssen Sie mit Kosten ab 15,00 € rechnen.

Die Folien, das Vlies:

Die Teichfolie ist das Schutzschild zwischen dem Wasser und dem Untergrund. Für einen Teich, den Sie selbst bauen, ist die Folie die Basis für einen dichten Teich. Die Kosten hierfür liegen je nach Größe bei 27,00 - 53,00 € pro m^2.

Aber auch die Teichfolie muss geschützt werden. Daher ist es wichtig, dass Sie unter diese erst einmal ausreichend Vlies auslegen. Die Kosten hierfür beginnen bei 25,00 € pro Quadratmeter.

Die Pflanzen:
Pflanzen im Teich sind nicht nur schön anzusehen, sondern bieten den Fischen zusätzlich Versteckmöglichkeiten. Der Preis für die Wasserpflanzen liegt für 80 Pflanzen als Bund bei ca. 20,00 €, wie auch beim Aquarium.

Des Weiteren können Sie verschiedene Pflanzen auch rund um Ihren Teich herum einpflanzen. Dies lässt das Ganze noch natürlicher wirken. Es schafft eine Wohlfühloase, die nicht nur für Fische, sondern auch für Sie selbst wunderbar ist. Je nach dem, was Sie pflanzen möchten und wie viel Fläche Ihnen dafür zur Verfügung steht, variieren die Preise. Zusätzlich kommt es darauf an, wo Sie die Pflanzen kaufen möchten. Es können bereits für ca. 50,00 € gute Pflanzen erworben werden.

Der Kies:
Auch für einen Gartenteich ist Kies wichtig. Wie bereits beim Aquarium erwähnt, gibt dieser den Pflanzen den

notwendigen Halt und hindert sie daran, aus dem Boden zu gleiten. Die Kosten liegen hier bei ca. 15,00 – 30,00 €.

Zusätzlich können Sie den Kies auch als Dekoration rund um den Teich verteilen. Da hier eine größere Menge benötigt wird, pegeln sich die Kosten hierfür etwas höher ein.

Die Dekoration:

In einem Teich brauchen wir keine Dekoration, da wir diese sowieso nicht sehen können und dieser dem natürlichen Lebensraum des Goldfisches bereits recht stark ähnelt.

Doch Sie können die Umgebung des Teiches sehr wohl gestalten. Eine nette Figur hier, ein schönes Licht dort. Der Spielraum ist hier sehr groß und ganz Ihnen überlassen. Die Kosten hierfür hängen davon ab, wie viel Sie gedenken zu dekorieren. Soll es eher schlicht und einfach sein, werden 50,00 € bis 100,00 € bereits genügen.

Die Pumpe und der Filter:

Es mag zwar seltsam klingen, da die natürlichen Lebensräume der Fische ohne Filter und Pumpen auskommen, aber für einen Teich, in welchem Fische leben, wird tatsächlich eine Filteranlage benötigt. Der Grund dafür ist, dass es hin und wieder Futterreste geben wird, die im Teich umherschwimmen.

Sie müssen das Ganze so betrachten: Ein Gartenteich ist ein begrenztes Wassergebiet und der Fischbestand lebt hier enger zusammen als in einem natürlichen Gewässer. Die Natur kann es daher nicht selbstständig schaffen, die Qualität des Wassers beizubehalten.

Einen einfachen Durchlauffilter können Sie bereits für ca. 40,00 € erwerben. Lassen Sie sich am besten in einem Fachgeschäft beraten, da hier auch die Größe des Teiches beachtet werden muss.

Der Mulmsauger:
Auch hier gilt es, die Natur zu unterstützen, da der Gartenteich ein in sich abgeschlossenes Gewässer ist. Daher benötigen Sie auch für einen Gartenteich einen Mulmsauger.

Für dieses Gerät müssen Sie mit ca. 50,00 € rechnen, wenn es ein einfaches Gerät sein soll. Nach oben hin ist da noch relativ viel Platz.

Der Kescher:
Sicherlich haben Sie keinen Garten, in dem nicht auch Laub ins Wasser fallen kann. Manchmal verirren sich auch Kleintiere ins Wasser oder ertrinken, wenn sie Flüssigkeit aufnehmen wollen. Um diese zu entfernen, bietet sich ein Kescher an. Der Preis für einen Kescher liegt bei ca. 5,00 €.

GARTENTEICH ODER AQUARIUM

Jetzt haben Sie einige Informationen zum Aquarium und auch zum Gartenteich erhalten. Nun kennen Sie auch die groben Kosten, welche alleine schon bei der Anschaffung von Goldfischen zusammenkommen. Doch damit ist es längst nicht getan. Wir müssen auch weitere Kosten wie beispielsweise Strom oder Wasser, wenn dieses ausgetauscht wird, bedenken. Was nun aber mehr und was weniger kostet, lässt sich so genau nicht beantworten, denn es hängt von vielen Faktoren ab:

- Wohnort
- Größe
- Füllmenge
- Stromanbieter und -tarif
- Qualität der Pumpe und des Filters
- Anzahl der Wasserwechsel
- Wassermenge
- Energieklasse der elektrischen Geräte

All diese Faktoren gilt es zu berücksichtigen. Es ist daher ratsam, sich alle Kosten zu notieren und einen groben Vergleich zu schaffen. Nehmen Sie sich genügend Zeit, da die Anschaffung auch für die Zukunft Arbeit und Kosten bereithält. Sie sollten sich im Klaren sein, was Sie möchten und ob Sie sich diesen Wunsch tatsächlich erfüllen können.

Für welche Art der Haltung sollten Sie sich aber nun entscheiden? Für die kostengünstigere Variante oder doch die, welche dem natürlichen Lebensraum des Fisches am ehesten gleicht? Manche Goldfischhalter kombinieren auch beide Varianten miteinander. In den warmen Jahreszeiten leben die Fische im Gartenteich. Enden diese, werden sie dann von ihren Haltern in ein Aquarium umquartiert, wo sie den Winter über verbringen können. Allerdings ist diese Variante nicht die beste, denn auch Fische haben eine innere Uhr, welche ihnen mitteilt, dass es an der Zeit ist, zu ruhen. Wenn Sie also keine Möglichkeit haben, die Fische kühl (das bedeutet unter zehn Grad Celsius) und in aller Ruhe überwintern zu lassen, sollten Sie von dieser Kombination eher absehen.

Gerade in unseren Kreisen sind die Temperaturen in den Wintermonaten doch längst nicht mehr so niedrig, dass ein Fisch im Gartenteich nicht überleben könnte. Zudem machen es die relativ milden Wintertemperaturen auch schwierig, überhaupt den richtigen Zeitpunkt zum Umsetzen zu finden.

In unseren Häusern sind die Temperaturen zudem sehr warm, wodurch der natürliche Rhythmus des Fisches beeinträchtigt werden würde. In diesem Fall werden die Fische dann aktiver und ihr Stoffwechsel nimmt zu, obwohl er runterfahren sollte. Dies führt oftmals dazu, dass die Fische plötzlich Paarungsverhalten an den Tag legen.

Wenn wir also einen Goldfisch fragen würden und er selbst antworten könnte, würde er sich gewiss für einen Teich entscheiden, da dieser den idealen Ersatzlebensraum darstellt. Die meisten Fische pflanzen sich auch nur in Teichen ohne große Hilfe des Pflegers fort.

Und doch ist es so, dass es sich aus Menschensicht häufig nicht empfiehlt, Goldfische in einem Teich zu halten. Sie sind recht klein und wir selbst haben nicht wirklich viel von ihnen. Aus diesem Grund bevorzugen viele Menschen eher Zierkarpfen, die sogenannten Kois. Diese sind größer und wir können sie häufiger sehen. Für Goldfische ist daher wohl doch häufiger eine Haltung im Aquarium zu empfehlen.

Sie merken, es fällt ziemlich schwer, hier eine generelle Empfehlung zu treffen. Im Endeffekt muss es jeder selbst entscheiden. Um Sie bei Ihrer Entscheidung zu unterstützen, möchte ich Ihnen beide Varianten der Haltung noch einmal genauer vorstellen.

Die Haltung im Teich:

Wer sich für Goldfische interessiert, der wird bereits wissen, dass die Haltung im Teich eher für die lang gestreckten Arten in Betracht gezogen werden kann. Goldfische mit runden Körpern bevorzugen eher wärmeres Wasser, zudem sind sie anfälliger für Krankheiten. Ihre körperlichen Merkmale sind zudem nicht förderlich, um selbstständig Nahrung im Teich aufzunehmen und sich dort angemessen zu bewegen. Einfache Goldfische können ohne große Schwierigkeiten im Teich gehalten werden, wenn die wichtigen Regeln beachtet werden:

- Nicht zu viele Fische auf einmal
- Angemessene Fütterung (kleiner Teich bedeutet: es ist weniger Nahrung vorhanden und der Mensch muss zufüttern)
- Es braucht einen guten Filter
- Der Teich sollte eine Mindesttiefe von einem Meter haben
- Im Winter sollte immer dafür gesorgt werden, dass eine kleine Stelle der Eisschicht offen ist, damit die Sauerstoffzufuhr und das Entweichen von Faulgasen ermöglicht wird
- Im Herbst sollten Sie darauf achten, dass herabfallendes Laub schnell entfernt wird
- Es sollten Pflanzen gepflanzt werden, welche dem Wasser Nährstoffe und Stoffwechselprodukte entziehen

Die Haltung im Aquarium:

Wer seine Fische im Aquarium halten möchte, tut dies aus gutem Grund: Er möchte sie sehen und davon träumen. Und doch ist es sehr kritisch und schwierig, den natürlichen Lebensraum der Fische in einem Becken, welches viel kleiner ist, nachzustellen.

Um den Fischen ein gutes Leben mit viel Abwechslung zu gewährleisten, sollten Sie deren Grundbedürfnisse studieren und berücksichtigen:

- Ausreichend Platz
- Verschiedene Pflanzen
- Sand und Kiesboden zum Gründeln
- Mindestens drei Tiere

Goldfische können sehr alt werden, daher sollten Sie sich gut überlegen, ob Sie tatsächlich Goldfische halten möchten. Aus diesem Grund ist es ratsam, diese nicht spontan und schon gar nicht als Geschenk zu kaufen.

- Kapitel 7 -

Krankheiten

Auch ein Goldfisch kann einmal krank werden. Welche Krankheiten er bekommen kann, wie er sich diese zuzieht und wie Sie ihre Goldfische behandeln können, erfahren Sie in diesem Kapitel. Zudem möchte ich Ihnen einige krankheitsvorbeugende Maßnahmen vorstellen.

Bevor wir dazu kommen, welche Krankheiten Goldfische überhaupt bekommen können, beschäftigen wir uns zunächst mit dem Thema Sauerstoff: Fische kommen ganz gut zurecht, wenn das Wasser nicht zu viel Sauerstoff beinhaltet. Aber – und das sollten Sie sich merken, denn es kann auch bei Ihnen vorkommen – Fische zeigen deutlich, wenn zu wenig, also ein Mangel an Sauerstoff herrscht. Wie? Sie schwimmen an die Wasseroberfläche und schnappen nach Luft.

Hier ist ihr Handeln gefragt. Doch bevor wir dazu kommen, sollten wir uns zunächst einmal anschauen, wie es überhaupt zum Sauerstoffmangel kommt.

ATMUNG

Natürlich benötigen auch Goldfische Sauerstoff. Ohne diesen könnten auch sie nicht überleben. Fische haben jedoch keine Nase wie wir Menschen oder andere Tiere. Ihre Atmungsgeräte sind die Kiemen. Wenn ein Fisch sein Maul unter Wasser öffnet, strömt das Wasser hinein und mit diesem der Sauerstoff. Die Kiemen filtern den Sauerstoff heraus und leiten das Wasser wieder heraus. Mit dem Wasser wird auch das Kohlendioxid ausgestoßen.

Welche Ursachen hat das Luftschnappen?

Um mit Sauerstoff versorgt zu werden, muss der Fisch ständig Wasser durch seine Kiemen strömen lassen. Wenn also das Wasser Ihres Teiches einen zu niedrigen Sauerstoffgehalt aufweist oder die Kiemen des Fisches nicht richtig funktionieren, droht ihm ein qualvoller Tod durch Erstickung.

Wenn er also an die Oberfläche schwimmt und dort nach Luft schnappt, ist dies ein sicheres Zeichen, dass der Sauerstoffgehalt zu niedrig ist. Der Fisch schnappt dann an der Wasseroberfläche nach Luft, die Kiemen saugen den Sauerstoff auf und stoßen die übrige Luft in Form von kleinen Bläschen wieder aus.

Gründe für zu wenig Sauerstoff im Wasser:

1) Wenn die Temperaturen steigen, sinkt der Sauerstoffgehalt im Wasser.
2) Es wurden zu wenig Pflanzen eingepflanzt. Daher wird kein neuer Sauerstoff produziert.
3) Es schwimmen zu viele Fische im Teich.
4) Auf dem Boden des Teiches landen zu viele Futterreste oder Ausscheidungen der Fische, welche für Fäulnisprozesse sorgen.
5) Der Filter funktioniert aufgrund der Fäulnisprozesse oder zu geringer Durchströmung nicht richtig.

Manchmal sind es nur wenige Fische, die an der Oberfläche nach Luft schnappen. Hier ist dann nicht der Sauerstoffgehalt das Problem. Hier könnten Probleme mit den Kiemen die Ursache sein.

Diese könnten beispielsweise sein:

- Parasiten
- Kiemenwürmer
- Verätzungen durch geringen pH-Wert

ERSTE-HILFE-MAẞNAHMEN BEI SAUERSTOFFMANGEL

Sollten Sie beobachten, dass Ihre Goldfische nach Luft schnappen, ist dies ein Zeichen, dass Ihre Hilfe dringend erforderlich ist und dass etwas nicht stimmt. Meist deutet dies darauf hin, dass der Sauerstoffgehalt im Wasser zu niedrig ist. Hier ist es ratsam, eine Membranpumpe einzusetzen. Wer bereits ein Aquarium hat, wird eine solche Pumpe gut kennen. Diese ist mit einem Schlauch und einem sogenannten Ausströmteich verbunden. Der Stein sorgt dafür, dass feinperlige Luft in das Wasser hineinströmt. Leiten Sie zusätzlich frisches Wasser aus der Leitung in Ihren Teich, denn auch hier ist neuer Sauerstoff enthalten.

Zusätzlich können Sie auch Sauerstofftabletten in das Wasser geben. Fürs Erste sollten all die eben genannten Schritte ausreichen, um den Sauerstoffgehalt des Wassers zu erhöhen, sodass Ihre Fische nicht länger an der Oberfläche nach Sauerstoff schnappen müssen. Beobachten Sie Ihre Tiere dennoch weiter, da vielleicht auch andere Ursachen eine Rolle für dieses Verhalten spielen können.

Weitere Maßnahmen

Um sicherzustellen, dass der Sauerstoffgehalt Ihres Teichwassers nicht bereits nach kurzer Zeit wieder sinkt, können Sie einen Oxidator im flachen Bereich des Teiches aufstellen. In diesem Gerät befindet sich eine Patrone mit Wasserperoxid. Dieses zerfällt in Wasser und Sauerstoff, wodurch Ihre Fische keinen giftigen Stoffen ausgesetzt sind. Das Gerät an sich funktioniert ohne Strom. Ein weiterer Vorteil ist, dass das Gerät selbstständig an die Oberfläche kommt, sobald die Patrone leer ist.

Lassen Sie sich hierfür am besten von einem Fachmann beraten.

Ursachen für Krankheiten

Für alles gibt es einen Grund, so auch für die Erkrankung von Goldfischen. Damit Sie diesen vorbeugen können, ist es wichtig, dass Sie die Ursachen überhaupt erst einmal kennen, um sie zu vermeiden.

Einer der häufigsten Gründe ist, dass Teichbesitzer und Goldfischhalter die falschen oder nicht ausreichend gute Bedingungen schaffen. Beispielsweise können die Wasserwerte nicht gut oder die Ernährung falsch sein.

Stress ist auch bei Fischen ein Auslöser von Krankheiten. Diesen haben die Goldfische beispielsweise dann, wenn der Teich zu klein oder der Besatz zu hoch ist. Weitere Ursachen können Parasiten und Keime sein, welche durch falsche pH-Werte des Wassers entstehen können.

Manchmal schaffen wir uns auch einen neuen Fisch an. Doch hier ist Vorsicht geboten! Dieser könnte Krankheitserreger in sich tragen, welche dann auf die anderen Fische übergehen. Daher ist es ratsam, die Neuzugänge zunächst in ein Quarantänebecken zu setzen. Dort können wir diese erst einmal gut beobachten und erkennen, ob sie in irgendeiner Hinsicht Auffälligkeiten zeigen.

Tipp: Wer seine Fische häufig beobachtet, schult sein Auge, um Krankheiten oder Auffälligkeiten frühzeitig zu erkennen und rechtzeitig handeln zu können.

SYMPTOME

Krankheiten zu erkennen ist selbst bei Fischen nicht zu schwer. Im Grunde genommen müssen Sie nur wissen, wonach Sie suchen müssen. Damit auch Sie stets für die Gesundheit Ihrer Fische sorgen können, werden wir uns nun die Symptome genauer ansehen:

- Langes Verweilen am Grund oder an der Oberfläche
- Schwimmstörung
- Kopfstehen
- Scheuern am Grund
- Vorschießendes Schwimmen
- Fische springen bei Juckreiz
- Schnelle Bewegung der Kiemen
- Notatmung an der Oberfläche
- Körperliche Veränderungen (Farbe, Beläge auf den Schuppen)
- Gewichtsverlust
- Veränderte Körperform

Wichtig: Wenn Sie viele Symptome wahrnehmen, ist schnelles Handeln gefragt, da sich Erreger im Wasser schneller vermehren.

HÄUFIGE KRANKHEITEN BEI GOLDFISCHEN

Parasiten / Weißpünktchenkrankheit (Ichthyophthirius multifiliis):

Der Ichthyo ist ein Parasit, welcher weiße Punkte auf der Schleimhaut des Goldfisches verursacht. Daher kommt auch der Name Weißpünktchenkrankheit. Es kann aber auch vorkommen, dass die Augen des Fisches betroffen sind. Diese Krankheit führt bei Fischen zu Atemnot.

Der Parasit kann sich sehr rasch vermehren. Auf dem Körper des Fisches sind Auswüchse zu erkennen, die pockig sind. Diese fallen mit der Zeit ab und sinken zu Boden. Sie können sich gewiss denken, dass dort erneut ein großes Wachstum stattfindet und sich dieser Parasit auf die restlichen Fische verteilt. In 24 Stunden schafft er es, bis zu 1000 Schwärmer, die im Wasser frei beweglich sind, entstehen zu lassen.

Bei dieser Krankheit ist es daher enorm wichtig, so schnell wie möglich mit der Behandlung zu beginnen.

Sie können den Fischen fünf Tage lang Malachitgrün zum Fressen geben. Dieses hilft meist schnell dabei, den Parasiten loszuwerden. Jedoch kann es manchmal nötig sein, die Behandlung länger durchzuführen.

Costia (in der Fachsprache Ichthyobodo Necator genannt):

Dieser Parasit sorgt dafür, dass die Haut des Fisches getrübt wird. Sie sind die klassischen Schwächeparasiten. Allerdings haben diese Parasiten nur bei jungen oder geschwächten Fischen leichtes Spiel. Ausgewachsene Fische werden von ihnen nur befallen, wenn deren Immunsystem geschwächt ist.

Der Befall der Fische von diesen Parasiten kann ebenfalls von einer Wassertemperatur unter 15 Grad Celsius begünstigt werden. Teichbesitzer sollten die Wassertemperatur daher stets im Auge behalten. Ist die Temperatur unter 15 Grad Celsius gesunken, reizen die Einzeller die Schleimhäute der Fische. Zu erkennen ist dies an einer weiß-bläulichen Färbung auf der Fischhaut.

Doch der Befall durch die Parasiten ist es diesem Fall nicht das einzige Problem. Durch die Reizung der Schleimhäute sind die Fische anfälliger für Pilzbildung. Leider führt ein hoher Befall dann oft zu toten Fischen.

Zur Behandlung reichen manchmal einfache Salzbäder aus. Durch diese wird der Stoffwechsel der Fische unterstützt, was wiederum dazu führt, dass deren Immunsystem gestärkt wird.

Bevor die Fische medikamentös behandelt werden, sollten die Ursachen für den Parasitenbefall erst einmal geklärt

Wenn die Fische nicht unter ihnen zu leiden hätten, wäre die Einreise in den heimischen Gartenteich doch schon eine lustige Angelegenheit, denn sie werden durch Wasservögel mitgebracht.

Sind sie erst einmal ins Wasser gelangt, saugen sie sich an den Schuppentaschen sowie der Haut der Fische fest. Haben sie das geschafft, hat dies zur Folge, dass die Haut gerötet ist, da sie bei den Fischen Entzündungen hervorrufen. Zudem ist es so, dass die Fische einen massiven Juckreiz verspüren. Wenn Sie bemerken, dass sich Ihre Fische ständig scheuern oder unkontrolliert durch das Wasser schießen, können Sie davon ausgehen, dass die Karpfenlaus dafür verantwortlich ist.

Sind nur einzelne Läuse in den Teich gelangt, so können diese ganz einfach abgesammelt werden. Sobald aber der Befall größer ist, ist es wichtig, die Tiere mit Medikamenten zu behandeln. Erfahrene Fischhalter können hier auf freiverkäufliche Heilmittel, welche sie im Fachhandel finden, zurückgreifen. Bei Anfängern ist es ratsam, sich zunächst an einen Tierarzt zu wenden, welcher sich auf Fische spezialisiert hat. Dieser wird dann ein Arzneimittel verschreiben.

Pilze / Fischschimmel (Saprolegnia parasitica):

Ein allgegenwärtiger Erreger ist der Fischschimmel. Haben Ihre Fische ein gesundes Immunsystem, so kann dieser ihnen nichts anhaben. Anders und sogar sehr brenzlig wird es, wenn Ihre Fische anfällig für Krankheiten sind. Ein weiterer Grund kann aber auch die niedrige Temperatur im Winter sein. Auch diese sorgt dafür, dass das Immunsystem der Fische schwächer ist als sonst. Haben Fische Wunden, die länger existieren, sind diese ebenfalls sehr anfällig für den Fischschimmel. Dieser überwuchert die Wunden oftmals. Sie können dies daran erkennen, dass die Wunden mit watteartigen Belägen übersehen sind. Anfangs haben diese eine weißliche Farbe. Es ist jedoch möglich, dass sie eine gau-grünliche Farbe annehmen. Leider ist es so, dass der Laich der Fische sehr häufig betroffen ist, was zu Verlust führt. Sie können höher konzentrierte Kurzzeit-Salzbäder anwenden oder Sie kaufen malachitgrünhaltige Heilmittel bei einem Fachmann.

Bakterielle Erkrankungen:

Der Verlauf einer bakteriellen Krankheit sowie deren Erscheinung ist sehr facettenreich. Bakterielle Krankheiten werden häufig durch Bakterien, welche sowieso im Teich leben, verursacht. Diese richten normalerweise keinen Schaden an. Wenn aber das stabile System des Wassers schwindet, so ist der Lebensraum der Bakterien vergünstigt und sie vermehren sich. So kommt es dann bei den Fischen zu Erkrankungen. Je nach den auftretenden Symptomen werden dann die Krankheiten der Fische benannt:

Lochkrankheit:

Diese Krankheit ist hauptsächlich durch Bakterien bedingt. Zudem kommt hinzu, dass sie auch durch andere Erreger oder nicht stimmige Umweltbedingungen auftreten kann. Wir erkennen die Krankheit, wenn die Fische große Löcher, welche Geschwüren gleichen, auf der Haut zeigen. Meist sind sie am Rumpf oder an der Schwanzflosse erkennbar. Im schlimmsten Fall kommt es vor, dass wir die Muskulatur des Fisches sehen können.

Wie schnell die Krankheit voranschreitet, hängt vom Auslöser und den Umweltbedingungen ab. Es ist möglich, dass Sie als Teichbesitzer mit hohen Verlusten und plötzlichen Todesfällen der Fische rechnen können. Bei dieser Erkrankung sollten Sie schnellstmöglich einen spezialisierten Tierarzt aufsuchen. Dieser macht einen Abstrich und kann so den Erreger für diese Erkrankung feststellen. Zudem wird er dann eine Resistenzprüfung durchführen und eine Therapie einleiten.

Flossenfäule:

Die Symptome dieser Krankheit sind sehr vielseitig. Zum einen können die Fische milchige oder rote Verfärbungen an den Rändern der Flossen haben. Zum anderen können diese auch ausgefranst aussehen. Wenn diese Krankheit auftritt, so stimmen die Haltungsbedingungen nicht. Es kann aber auch sein, dass nur einzelne Fische betroffen sind. Hier kann der Grund auch eine lokale Verletzung sein.

Auch bei dieser Erkrankung ist es ratsam, sich Hilfe bei einem Tierarzt zu suchen. Es kann immerhin nie ausgeschlossen werden, dass auch andere Erreger eine Rolle spielen. Eine Diagnostik ist vor Behandlung der Fische erforderlich. Nur so kann das richtige Medikament ausgewählt werden.

Virale Erkrankungen:

Koi-Herpesvirus (KHV):

Diese Krankheit wird erst seit rund zwanzig Jahren beschrieben. Da sie eine Tierseuche ist, sind Halter dazu verpflichtet, diese bei den zuständigen Behörden anzuzeigen.

Die auffälligsten Symptome sind vor allem die starken Schäden, welche der betroffene Fisch an seinen Kiemen hat. Allerdings ist es auch so, dass das Virus auch andere Organe wie Haut, Darm oder Nieren befallen kann. Daher ist es leider so, dass wir die Infektion manchmal gar nicht sehen.

Durch Temperaturen, die zwischen 16-28 °C liegen, aber auch durch Stress, welchen der Fisch erleidet, kann die Krankheit zum Ausbruch kommen. Fische, die infiziert sind, zeigen oftmals Appetitlosigkeit, sichtbare Schäden auf der Haut und sie sind auch anfälliger für andere Erkrankungen.

Ein auffälliges Symptom dieser Krankheit ist jedoch die Atemnot aufgrund der Schäden an den Kiemen. Die Atemnot der Fische erkennen Sie, wenn die Fische regelrecht an der Wasseroberfläche oder dem Filterausströmer stehen, um nach Luft zu schnappen. Leider hat die Erkrankung zur Folge, dass viele Fische sterben. Eine Behandlung, welche an den Ursachen ansetzt, ist leider nicht möglich. Fische, die am Virus erkrankt sind, können nur auf bessere Haltungsbedingungen hoffen. Der Tierarzt entnimmt den Fischen Gewebeproben direkt aus deren Kiemen, um die Erkrankung nachweisen zu können.

Karpfenpocken/ Koipocken (CHV-1):

Sobald die Temperaturen im Teich sinken, kann diese Erkrankung manchmal beobachtet werden. Die Fische haben auf ihrer Haut eine weißliche, wachsartige Auflagerung. Diese können auch auf den Flossen der Fische vorkommen.

Diese Wucherungen wachsen bei den Fischen, sobald deren Immunsystem geschwächt ist. Schlechte Bedingungen des Wetters und kaltes Wasser sind hier die Hauptursachen.

Da die Fische das Virus dauerhaft in ihren Körpern tragen, ist eine komplette Heilung nicht möglich. Wir können lediglich dafür sorgen, dass die Wucherungen zurückgehen und den Fischen möglichst gute Lebensbedingungen schaffen, um erneute Ausbrüche zu vermindern.

Andere Erkrankungen:

Schwimmblasenentzündung:

Wenn die Schwimmblase entzündet ist, kann der Fisch nicht mehr selbstständig für Auftrieb sorgen. Das Tier liegt im schlimmsten Fall häufig auf dem Teichgrund. Der Fisch muss nun auf die Kraft seiner Flossen vertrauen, um sich überhaupt und wenn dann auch nur mühsam fortbewegen zu können. Dafür muss der Fisch einen enormen Aufwand an Kraft betreiben und bekommt Schwielen vom Liegen. Von dieser Erkrankung sind meist nur wenige Fische betroffen.

Die Ursachen können Stoffwechselstörungen, Parasiten oder auch Bakterien sein. Je nach Ursache wird hier die Art der Behandlung gewählt. Diese bestimmt wieder ein spezialisierter Tierarzt. Unterstützend können Sie aber auch die Temperatur des Wassers erhöhen und jodfreies Kochsalz in das Wasser geben. Dieses unterstützt die Nierenfunktion des Fisches. Leider ist es so, dass die Fische, welche bereits einmal daran erkrankten, auch wieder erkranken können.

Energiemangelsyndrom (EMS):

Diese Krankheit ist eine, welche ganz klassisch im Frühjahr auftritt. Hier ist ein Defizit zwischen benötigter und verfügbarer Energie die Ursache.

Gründe für Energiemangel:

- Mangelhafte Ernährung (Sommer)
- Frühes Einstellen der Fütterung zum Winter
- Geringe Sauerstoffkonzentration

Fische, die abgemagert sind, zählen daher zu denen, die am ehesten gefährdet sein können. Sie mögen es kaum glauben, aber auch bei Fischen, die verfettet sind, kann das EMS ebenfalls auftreten. Der Grund dafür ist, dass sie ihre Fettreserven in den kalten Monaten kaum nutzen können.

Fische, die unter EMS leiden, schwimmen meist unkoordiniert und eher langsam. Zudem haben sie eine flache Atmung. Darüber hinaus ist deren Nierenfunktion eingeschränkt. Dadurch sammelt sich in ihrem Körper viel Wasser an, wodurch sie dick und aufgequollen sind. Die Schuppen der Fische stehen wie bei einem Tannenzapfen ab.

Um den betroffenen Fischen zu helfen, erwärmen wir das Wasser langsam und geben etwas Salz hinzu. Dieses regt die Nierenfunktion der Tiere an. Außerdem ist es ratsam, hochverdauliches Futter erst dann zu geben, wenn das Verhalten der Fische wieder normal ist. EMS ist ein Notfall und sollte keineswegs verharmlost werden. Leider sind auch hier Todesfälle nicht auszuschließen.

WIE WERDEN GOLDFISCHE BEHANDELT?

Wenn Fische krank sind, fragen wir uns natürlich, ob wir direkt zu einem Tierarzt fahren sollten. Generell gilt, dass Fische je nach Krankheit auch selbst behandelt werden können. Hierfür bieten sich beispielsweise Salzbäder an. Sie können aber auch in einem Fachgeschäft nach freiverkäuflichen Heilmitteln fragen. Oftmals ist es aber auch so, dass allein der Wechsel des Wassers (bereits schon zur Hälfte) hilfreich ist.

Wenn Sie jedoch eine genaue Diagnose möchten oder benötigen, sollten Sie sich nicht ausschließlich auf Ihr Wissen und Ihr Können verlassen, sondern einen Fachmann aufsuchen, der Ihnen und vor allem Ihren Fischen weiterhilft. Merken Sie sich bitte auch, dass es kein Allheilmittel für alle Fischkrankheiten gibt. Wer seine Fische unnötig mit Medikamenten behandelt, der belastet deren Organismus nur zusätzlich. Dies wiederum kann dann zu Resistenzen führen.

Wichtig ist auch, dass Sie nicht irgendeinen Tierarzt zurate ziehen, sondern tatsächliche einen in Betracht ziehen, der sich auf Fische spezialisiert hat. Dieser wird wissen, was Ihren Fischen fehlt und welche Behandlungsmethode die passende ist.

Krankheitsvorbeugende Maßnahmen

Es gilt: Vorbeugung ist besser als Heilung! Dies sollten Sie sich merken, um Ihre Fische optimal zu schützen. Krankheiten, die Fische betreffen, können sich in einem Teich oder Aquarium schnell vermehren und sich tödlich auf den Fischbestand auswirken. Es ist daher unabdinglich, den Fischen einen optimalen Lebensraum zu bieten und stets auf hervorragende Bedingungen zu achten. Die Wasserqualität ist dabei das allerwichtigste, denn die Fische können sich nicht einfach mal so aus dem Teich zurückziehen. Hierbei spielt auch eine gute Filterung des Wassers eine Rolle. Wer viele Fische halten möchte, der braucht einen großen Teich. Gestalten Sie diesen außerdem passend für die ausgewählten Arten und vor allem abwechslungsreich.

Und nicht nur die richtige Fütterung ist wichtig, sondern auch die Lagerung der Futtermittel. Schauen Sie sich daher die Beschreibungen und Hinweise auf den Verpackungen an. Wichtig ist aber immer, dass das Futter trocken, kühl und vor Luft geschützt aufbewahrt wird. So kann dieses vor dem Verderben geschützt werden.

Wenn Sie Ihre Fische lieben, sollten Sie sich bereits vor der Anschaffung darüber Gedanken machen, zu welchem Tierarzt Sie im Notfall gehen können, denn nicht jeder Tierarzt ist tatsächlich auch auf Fische spezialisiert.

Sie sollten Ihren Fischen auf keinen Fall irgendwelche Medikamente geben, um möglichen Krankheiten vorzubeugen. Dies hilft nicht, im Gegenteil. Der Organismus des Tieres wird so nur negativ beeinträchtigt. Zudem werden die Erreger resistent gegen die Mittel, welche sie bei tatsächlichem Befall eigentlich beseitigen sollen.

Wirklich Sinn macht es aber tatsächlich, die Fische vorbeugend untersuchen zu lassen. Informieren Sie sich bei Ihrem Tierarzt, ob er sogenannte Frühjahrs- und Herbst-Check-Ups anbietet. Diese können Sie dann ohne Bedenken durchführen lassen, denn es bietet Ihnen und Ihren Fischen Sicherheit und zeigt Ihnen, was Sie gegebenenfalls verbessern sollten.

Wasserwerte können Sie gut selbst überprüfen. Hierfür können Sie sich eine Liste machen, um festzuhalten, wie die Werte stehen und wann Sie diese zuletzt geprüft haben. Zudem ist es Ihnen dadurch möglich, negativen Änderungen früh genug entgegenzuwirken. Achten Sie zudem darauf, dass der Teich / das Aquarium gut belüftet ist und die Filteranlage einwandfrei funktioniert. So garantieren Sie, dass das Wasser genügend Sauerstoff für Ihre Fische bereithält.

Wenn die Temperaturen draußen niedriger werden, so werden sie auch im Wasser geringer. In dieser Zeit sollten Sie auf jegliche Veränderungen im Teich verzichten, es sei

- hochwachsende Gräser pflanzen
- Seerosen und andere Schwimmpflanzen einsetzen
- Koniferen am südlichen Ufer

3) Wasserpflanzen als Lieferanten für Sauerstoff

Der Teich sollte bei einer Tiefe von ca. 50 Zentimetern mit feinfiedrigen Wasserpflanzen bestückt werden. Sie produzieren jede Menge Sauerstoff und fördern zudem die Klärung des Beckens. Geeignete Pflanzen: Hornkraut, Tausendblatt und Wasserpest

IST ENTWURMEN AUCH BEI GOLDFISCHEN NÖTIG?

Früher brachten die spanischen Eroberer europäische Seuchen mit nach Südamerika, die oftmals tödlich endeten. Durch Pocken oder Masern wurden sogar ganze Regionen entvölkert. Das mag sehr weit ausgeholt sein, doch kann auch das Einschleppen von Krankheiten durch neue Goldfische damit verglichen werden.

Treffen unbekannte Erreger auf ein sonst intaktes Immunsystem, kann das durchaus sehr fatale Folgen haben. Daher ist es wichtig, dass jeder Halter seinen Fischen die Möglichkeit gibt, sich an die Erregerstämme zu gewöhnen. Wichtig ist, dass die neuen Fische erst einmal in Quarantäne kommen. So können Sie sehen, ob die Fische krank sind und erkrankte Fische können sich in aller Ruhe auskurieren. Wenn die Fische dann als gesund eingestuft werden können, werden sie zum alten Bestand eingesetzt. Wichtig ist dabei der Wassertausch, damit sich alle aneinander gewöhnen können. Am Anfang ist es sinnvoll, nur eine Spritze oder ein Schnapsglas zu nehmen, um zu sehen, ob bei den Fischen Veränderungen sichtbar werden. Dies führen Sie einige Tage weiter fort. Nach einer Woche können Sie damit beginnen, größere Wassermengen auszutauschen. Es ist folglich so, dass die Quarantäne nicht einfach endet, sondern durchaus noch einige weitere Wochen vergehen. Ist es geschafft, sollten Sie dennoch nach einigen Tagen einen Wasserwechsel anstreben, der etwas umfangreicher ist.

Die Frage, ob sie Goldfische entwurmen lassen sollen, beantworten langjährige Goldfischfreunde definitiv mit ja. Ein Goldfisch kann beispielsweise Kiemenwürmer bekommen, eine unschöne Angelegenheit für das Tier. Allerdings ist es auch kritisch zu sehen, die Tiere regelmäßig mit Medikamenten zu versorgen. Viel hilft eben nicht immer viel, sondern kann unter Umständen auch Schaden anrichten, beispielsweise an der Leber des Fisches. Außerdem ist es so, dass Parasiten irgendwann resistent gegen regelmäßig verabreichte Medikamente werden. Es ist davon auszugehen, dass besonders Kiemenwürmer immer in geringer Menge vorhanden sind. Sie nehmen erst Überhand, wenn eine Schwächung auftritt.

Ehe Medikamente eingesetzt werden, sollten Sie sich immer ausreichend von einem Tierarzt beraten lassen. Dieser kann die Ausmaße durch Untersuchungen besser erkennen und weiß, was für Ihre Fische sinnvoll ist.

- Kapitel 8 -

ZUCHT VON GOLDFISCHEN

Wer Goldfische züchten möchte, der sollte sich bewusst sein, dass es kein Kinderspiel ist. Es kann nicht einfach ein Pärchen ausgewählt werden und erwarten werden, dass diese Fische auch paarungswillig sind.

Der Teich sollte anregend sein und den Fischen einen Ort bieten, an welchem sie sich sicher fühlen. Auch sollte er genügend Schutz für die zukünftigen Jungtiere bieten, da die erwachsenen Fische ihren Laich sonst kurz nach dem Ablegen fressen. Die erwachsenen Fische fressen allerdings nicht nur den Laich, sondern auch die Jungtiere.

Die eben beschriebenen Schritte sind für eine erfolgreiche Zucht unabdinglich, auch wenn sie viel Zeit rauben und Geld kosten werden. Zusätzlich braucht es einiges an Geduld und Übung, um später tatsächlich Gewinne erzielen zu können. Aber das soll Sie keineswegs abschrecken. Glauben Sie an sich und an Ihre Pläne, dann wird alles gut gehen.

Richtige Voraussetzungen

Um Goldfische erfolgreich züchten zu können, sollten Sie das Vorgehen lange im Voraus planen. Damit Sie den zukünftigen Eltern und Ihren Jungfischen eine optimale Umgebung schaffen können, braucht es einiges an Zeit.

Die Fische sollten mindestens ein Jahr vor der Zucht gekauft werden. So haben diese genügend Zeit, sich aneinander und an die neue Umgebung zu gewöhnen. Außerdem werden die Fische es dankend annehmen, dass sie den Teich in allen Ecken gut ergründen und ihn zu ihrer neuen Heimat werden lassen können.

Empfehlenswert ist es, die Goldfische in den Sommermonaten Juli oder August zu erwerben. Im Frühling sind sie dann bereits willig, sich zu paaren. Haben sie Ihre Zuchtfische gekauft, so ist es empfehlenswert, diese zunächst zu reinigen. Wie Sie dabei vorgehen, erfragen Sie am besten direkt beim Händler.

DIE RICHTIGE UMGEBUNG

Wer sich für die Zucht im Aquarium entscheidet, sollte dieses möglichst naturgetreu einrichten. Für die Zucht ist es ratsam, ein Becken zu wählen, welches mindestens 90 Liter fassen kann.

Für die natürliche Zucht bedarf es einer üppigen Umgebung. Das heißt, Sie müssen viele Wasserpflanzen einpflanzen, denn dort verstecken sich die Jungtiere vor den ausgewachsenen Fischen und nehmen ihre erste Nahrung nach dem Schlüpfen auf.

Es gibt auch die Möglichkeit, seine Fische auf künstlichem Wege zu züchten. Hierfür braucht es keine Pflanzen. Aber und das sollten Sie sich immer wieder vor Augen halten: Pflanzen verbessern die Lebensqualität. Wer sich für den künstlichen Weg entscheidet, sollte sein Geld in einen ordentlichen Ablaich-Mopp investieren. In diesen können die weiblichen Fische dann ihre Eier legen. Zudem sind die Eier dort vor ihren erwachsenen Artgenossen geschützt, welche diese sonst auffressen würden.

FÜTTERUNG

Wer mit dem Züchten beginnen möchte, obwohl noch kein Frühling ist, der kann seinen Fischen Futter wie Salzkrebse oder gar lebende schwarze Würmer anbieten. Mit diesem Futter können Sie den Fischen vorgaukeln, dass bereits Frühling ist, da es dieses in der natürlichen Umgebung zur Frühlingszeit vermehrt zu finden gibt. Zudem sollten Sie darauf achten, Ihre Fische auf leichte Diät zu setzen, da diese im Frühling aufgrund der Winterstarre zunächst wenig essen.

Hinweise zum richtigen Füttern:

- Kleine, aber häufige Mahlzeiten
- 3 Mahlzeiten am Tag
- Nicht überfüttern
- Überreste des Futters abfischen
- Futter sollte zerkleinert werden

TEMPERATUREN NACHAHMEN

Im Frühling sind die Temperaturen eher niedriger als in den Sommermonaten. Wenn Sie also mit der Zucht in einem Sommermonat beginnen wollen, sollten Sie die Wassertemperaturen senken und in Abständen wieder erhöhen.

Der Grund dafür ist, dass sich die Goldfische am liebsten im Frühling paaren. So können Sie Ihre Tiere gut täuschen.

Temperaturen richtig senken:

- 10 bis 12 Grad Celsius
- bei Paarungswilligkeit pro Tag um 2 Grad Celsius erhöhen bis 20 Grad Celsius

TÄGLICHE BEWEGUNG DES WASSERS

Ja, auch das ist wichtig, damit sich die Fische wohlfühlen und bereit sind, sich zu paaren. Ein teilweiser Wasserwechsel kann hier eine gute Unterstützung sein. Zudem wirkt dies auch stimulierend auf die Fische. Es empfiehlt sich daher, täglich ca. 20 % des Wassers auszutauschen.

DIE GESCHLECHTSBESTIMMUNG

Es ist wichtig, dass Sie wissen, wie ein weiblicher Goldfisch aussieht. Die einzig wirklich wichtige Aufgabe, welche Ihnen zugeteilt wird, wenn Sie Fische züchten wollen, ist es, die Geschlechter der Fische zu bestimmen.

So erkennen Sie die Weibchen:
Schauen Sie sich die Geschlechtsöffnung des Fisches an. Wenn Sie eine Öffnung zwischen Anus und Analflosse erkennen können, so haben Sie bereits die halbe Miete gemacht. Das Weibchen scheidet aus dieser die Eier aus, das Männchen das Sperma.

Aber wie erkennen wir nun, ob es ein weiblicher oder männlicher Fisch ist? Ganz einfach: Die Geschlechtsöffnung des Weibchens ist gerundet und gewölbt. Zusätzlich können Sie aber auch den Unterleib des Fisches abtasten. Hierbei sollten Sie jedoch vorsichtig sein, um dem Tier nicht zu schaden. Wenn sich der Unterleib weich anfühlt, so ist dies ein sicheres Zeichen dafür, dass der Fisch weiblich ist.

Sie können außerdem auch die Brustflossen genau untersuchen. Diese sind bei den weiblichen Tieren kurz und rund. Zudem gilt zu erwähnen, dass die Weibchen schmaler und runder als ihre männlichen Artgenossen sind.

So erkennen Sie die Männchen:

Ein männlicher Goldfisch ist in der Regel kleiner als das Weibchen. Männliche Goldfische tragen auf den Flossen, dem Kopf und auf den Kiemen kleine weiße Punkte, sobald sie bereit zur Paarung sind.

Die Geschlechtsöffnung des Männchens ist nach innen gewölbt. Wenn Sie den Unterleib abtasten, werden Sie merken, dass dieser steifer und fester als bei den weiblichen Artgenossen ist. Die männlichen Goldfische haben zudem spitzere und längere Brustflossen als die Weibchen.

DAS VERHALTEN

Männchen verhalten sich anders als Weibchen. Ja, dieses Beispiel kennen wir auch aus der Welt der Menschen. Sobald die Paarungszeit bei den Goldfischen hereinbricht, erleben Sie – wie Sie ja schon wissen – ein regelrechtes Schauspiel, ich könnte auch sagen, eine Treibjagd, denn die Männchen jagen die weiblichen Tiere regelrecht durch das Wasser. Zunächst beginnt alles ganz harmlos und ruhig, doch mit der Zeit werden die Fische intensiver in ihrem Liebesspiel.

Setzen Sie ein Weibchen in das Becken und schauen Sie, wie sich die anderen Fische verhalten. Die männlichen Fische werden vermehrt ihr Interesse bekunden, während die Weibchen weiterhin eher uninteressiert ihre Runden im Wasser drehen. Erfahrene Züchter isolieren die weiblichen Fische von den männlichen Fischen ca. zwei Wochen vor der Paarungszeit. Der Grund dafür ist, dass dies die Bereitschaft zur Paarung auf beiden Seiten erhöht. Das, was man nicht haben kann, begehrt man, genau wie bei uns Menschen.

ZUCHT MIT EIGENEN GOLDFISCHEN

Wenn Sie die Zucht mit eigenen Fischen versuchen möchten, so wählen Sie das beste Paar unter Ihren Fischen aus. Achten Sie darauf, dass Sie junge und robuste Fische auswählen. Diese sind sehr fruchtbar und eher bereit, sich fortzupflanzen.

Achten Sie auf den Rücken- und Brustbereich des Weibchens. Ist dieser groß, so ist es ein ideales Weibchen für die Zucht. Bei der Wahl des Männchens sollte Ihre Wahl auf ein großes Männchen fallen. Zudem sollte dieses ein guter Schwimmer sein, da der Akt der Fortpflanzung einer Jagd durch das Wasser gleicht. Männchen, welche viele weiße Punkte auf ihren Kiemen haben, sind ebenfalls eine gute Wahl.

Ideal ist es, die drei besten Männchen und die zwei besten Weibchen für die Zucht auszuwählen. Haben Sie diese Wahl getroffen, ist es für die Fische Zeit, isoliert zu werden, um so wenig Ablenkung oder Störung wie möglich zu haben.

DIE ISOLATION

Sobald die fünf ausgewählten Fische in das separate Becken gesetzt wurden, werden Sie feststellen, dass die männlichen Tiere im Bauchbereich eine hellere Farbe annehmen. Zudem schwimmen sie schnell durch das Becken und wir könnten glauben, dass sie ganz schön aufgeregt sind. Dann beginnt die Jagd nach den weiblichen Tieren.

Hierbei stoßen sie immer wieder gegen den Körper der Weibchen, bis diese ihre Eier über den Pflanzen ausstoßen. Direkt danach werden diese von dem Männchen befruchtet.

Künstliche Besamung

Manchmal kommt es auch vor, dass der natürliche Weg nicht erfolgreich war. Hier kommen Sie ins Spiel. Setzen Sie einen männlichen und einen weiblichen Fisch in ein flaches Becken. Halten Sie den männlichen Fisch fest und reiben Sie dann seine Geschlechtsöffnung. So befreien Sie ihn von seinem Sperma. Wirbeln Sie anschließend mit der Hand durch das Wasser, damit sich das Sperma verteilt.

Als Nächstes führen Sie das Gleiche mit dem Weibchen durch. Reiben Sie dessen Geschlechtsöffnung und befreien Sie sie von ihren Eiern. Nun wirbeln Sie das Wasser erneut durcheinander, damit sich Eier und Sperma finden können.

Es ist wichtig, dass Sie stets sehr vorsichtig dabei vorgehen, da die Fische sehr schnell und leicht verletzt werden können. Üben Sie nur sehr wenig Druck aus, so können Sie den Fischen keine Schmerzen zufügen.

Bei der künstlichen Befruchtung ist es nicht notwendig, die Fische unter Wasser zu halten. Sie sind durchaus in der Lage – wenn auch nicht sehr gut – außerhalb des Wassers zu atmen. Es gilt dennoch die Regel, die Fische keinesfalls länger als 30 Sekunden über Wasser zu halten. So ist es notwendig, sie zwischendurch auch wieder im Wasser zu halten.

Trennung der Fische von den Eiern

Ja, dieser Schritt ist tatsächlich notwendig, wenn Sie den Laich schützen wollen. Goldfische sind Kannibalen und fressen schon wenige Sekunden später ihren eigenen Laich auf. Um ein bestmögliches Zuchtergebnis erzielen zu können, sollten Sie die erwachsenen Tiere daher aus dem Becken mit den Eiern entfernen.

Die Jungtiere schlüpfen bereits nach wenigen Tagen. Zunächst ernähren sie sich von der Blase, welche sie einhüllt. Doch schon bald beginnen sie damit, auch Pflanzen ihrer Umgebung anzuknabbern und kleine Organismen aus dem Wasser zu fressen. Sie können ihnen aber auch schon wenige Tage nach dem Schlüpfen das Futter anbieten, welches Sie auch den erwachsenen Fischen geben. Hierbei ist jedoch wichtig, dass Sie es gut zerkleinern, da deren Münder – so wie alles andere auch – noch sehr klein und fein sind.

Die Eier sollten möglichst im gleichen Wasser bleiben, in dem sie befruchtet wurden. Der Grund dafür ist, dass sie sehr empfindlich sind.

EINE GROßE KINDERSTUBE

Da Goldfischweichen bis zu 3000 Eier legen können, ist es wichtig, dass die Kinderstube eine ausreichende Größe hat. Sobald die Jungtiere geschlüpft sind, möchten sie sich bewegen. Und wenn dann nur wenig Platz vorhanden ist, kann dies ihren natürlichen Bewegungsdrang und damit ihre Entwicklung erheblich beeinträchtigen.

ZUSAMMENFASSUNG UND KREUZUNG MIT ANDEREN FISCHARTEN

In Kapitel vier haben Sie bereits erfahren, wie die Fortpflanzung bei Goldfischen funktioniert. Zur Erinnerung fasse ich dies noch einmal kurz zusammen:

- Von April bis Mai ist Laichzeit.
- Männchen jagen Weibchen durch das Wasser.
- Weibchen werden von Männchen immer wieder angestupst, es gleicht einer Treibjagd.
- Beim Anstupsen wird die Eierablage angeregt.
- Das Männchen trägt das Weibchen an die Oberfläche. Der Laich wird dort abgelegt und sofort befruchtet.
- 500 bis 3.000 Eier sind möglich.
- 5 bis 7 Tage später schlüpfen die Larven. Sie sind fast durchsichtig und klebrig.
- Die Larven haften sich an die Wasserpflanzen.
- Wichtig: Der Laich sollte gesichert werden, da die erwachsenen Fische die Eier sonst fressen.

- Ihre Farbe erhalten Goldfische erst nach einem Jahr.

In diesem Kapitel haben Sie vieles über die Voraussetzungen erfahren, die für eine erfolgreiche Zucht notwendig sind. Doch wie ist es eigentlich mit anderen Fischarten? Paaren sich Goldfische tatsächlich auch mit anderen Fischarten?

Die Natur hat für alles einen Plan. Dieser sieht nicht vor, dass sich die Fischarten untereinander vermehren. Greift der Mensch jedoch in die Fortpflanzung und Zucht ein, ist so einiges möglich.

An dieser Stelle möchte ich betonen, dass Sie dennoch nicht herumexperimentieren sollten. Fische sollten sich möglichst auf natürliche Art und Weise fortpflanzen. Zudem sollten nur Experten, die sich tatsächlich außerordentlich gut mit der Zucht von Fischen auskennen, solche Versuche wagen.

- Kapitel 9-

ÜBERWINTERUNG

Im Winter können die Temperaturen sehr tief sinken. Viele Teichbesitzer, die gerade erst anfangen, Goldfische zu halten, stehen dann vor der Frage, wie sie ihre Goldfische am besten durch den Winter bringen können. Um auch Ihnen ausreichend Informationen darüber zu geben, wird sich dieses Kapitel mit der Überwinterung der Fische befassen. Im folgenden Text wird Ihnen in fünf Schritten erklärt, was zu beachten ist und wie Sie am besten vorgehen, ohne den Tieren unnötigen Stress zuzufügen.

Der geeignete Platz

Fischbesitzer, welche einen sehr großen und tiefen Teich haben, können ihre Fische getrost darin überwintern lassen, da dieser nicht bis zum Grund gefriert. Die schönen Zierfische tummeln sich dann am Grund und verfallen in die sogenannte Winterstarre.

Wichtig ist jedoch, dass der Teich tatsächlich für die Überwinterung geeignet ist und wichtige Kriterien erfüllt. Sollte dies nicht der Fall sein, können Sie Ihren Fischen einen geeigneten Platz in Ihren vier Wänden einrichten.

Wichtige Faktoren für das Überwintern im Teich:

- Die Teichtiefe sollte mehr als einen Meter betragen.
- Es muss genügend Platz für alle Fische auch an den tiefen Stellen vorhanden sein.
- Eine ausreichende Sauerstoffversorgung muss gewährleistet sein.

ÜBERWINTERUNG IM HAUS

Diese Methode ist notwendig, wenn Ihr Teich keine ausreichende Tiefe hat. Manche Goldfische sind sehr kälteempfindlich und fühlen sich daher in einem winterlichen Quartier in Ihrem Haus wohler. Der Schleierschwanz und das Kardinälchen sind zum Beispiel besonders kälteempfindlich.

Wenn Ihre Fischer noch kein halbes Jahr in Ihrem Teich leben, ist es ebenfalls ratsam, die Fische über den Winter ins Haus zu holen. Der Grund dafür ist, dass sich die Fische noch nicht an die neue Umgebung gewöhnt haben. Wenn dann der Winter hereinbricht, können sie diesen nicht so gut verkraften wie die Fische, welche schon länger in Ihrem Teich heimisch sind.

Einrichtung des Winterquartiers

Wenn Sie sich für ein Winterquartier entschieden haben, heißt das nicht, dass es damit getan ist. Jetzt geht es an die Vorbereitung für die Einrichtung des Aquariums.

Falls Sie sich jedoch entscheiden, die Tiere im Teich überwintern zu lassen, folgt nun eine kurze Anleitung, wie Sie Ihren Teich winterfest machen können:

- Befreien Sie den Teich von Laub, am besten noch vor dem ersten Frost im Spätherbst.

Den Frühling begrüßen

Wenn sich der Winter dem Ende zuneigt, werden die Temperaturen wieder wärmer. Somit steht für die Tiere der Umzug in den Teich schon bald an.

Die Fische, welche im Teich überwintert haben, können jetzt langsam wieder an hochwertiges Futter gewöhnt werden.

Wann kommen Fische aus der Winterstarre?

Sobald die Temperaturen ca. zehn Grad Celsius betragen, beginnen die Fische langsam zu erwachen. Wenn das Thermometer die zwölf Grad Celsius erreicht hat, ist es an der Zeit, die Fische auch wieder zu füttern, da sie nun aktiver werden und Kraft benötigen. Acht Wochen später, wenn die Temperaturen bei 15 Grad Celsius liegen, ist es an der Zeit, dass die normale Futtermenge gegeben wird.

TIPPS FÜR DIE ÜBERWINTERUNG IM TEICH

Hier noch ein paar wichtige Tipps, damit die Überwinterung im Teich nicht im Desaster endet:

1) Die Oberfläche des Teiches sollte für eine optimale Sauerstoffzufuhr auch im Winter nicht komplett zufrieren.
2) Umwälzpumpe und Filteranlage sollten ausgeschaltet werden, damit das Zufrieren bis zum Grund verhindert wird. Ein Durchlüfterstein ist hier optimal.
3) Bei starkem Frost kann zusätzlich eine Teichheizung zum Einsatz kommen.
4) Die Alternative zum Durchlüfterstein ist, heißes Wasser am Rand des Teiches aufzugießen, um Löcher zu verursachen. Durch diese kann dann Sauerstoff hineingelangen.
5) Halten Sie das Loch frei von Laub und achten Sie darauf, dass die Eisfläche nie komplett mit Schnee bedeckt ist.

Wichtig: Hacken Sie keine Löcher in die Eisschicht, da die Fische diese Erschütterungen sonst spüren und in ihrer Ruhe gestört werden. Ebenfalls sollten Sie die Eisfläche nicht betreten, da die Tiere auch diese Erschütterungen spüren würden.

Wenn Ihre Fische in der Regentonne überwintern, ist es ebenfalls wichtig, diese in Ruhe zu lassen.

- Kapitel 10 -

VERSCHIEDENE GOLDFISCHE UNTER DER LUPE

CARASSIUS GIBELIO FORMA AURATUSA

Steckbrief:

Name	Goldfisch (Carassius Gibelio Forma Auratusa)
Körpergröße	Bis 35 cm
Nahrung	Wassertiere, Pflanzen, Laich

Überwinterung im Teich	Ist möglich
Haltung	Leicht
Schwarmgröße	Mindestens 3 bis 5 Fische
Schwimmgebiet	Nah unter der Wasseroberfläche
Wassertemperatur	10 bis 20 °C
Haltung zusammen mit (Sprechen Sie diesbezüglich immer mit einem Fachmann)	Elritze, Bitterling, Koi, Moderlieschen

Der Carassius Gibelio Forma Auratusa ist ein sehr friedlicher Fisch. Sollten Sie sich also irgendwann dazu entscheiden, weitere Arten einzusetzen, ist dies kein Problem für ihn. Wir könnten meinen, dass er die gute Seele unter allen Zierfischen ist, da er sich mit fast jedem versteht.

Wichtig ist, dass Sie sich immer mindestens drei Fische anschaffen, denn besonders diese Art liebt Gesellschaft und braucht diese auch. Das Überwintern im Teich ist kein Problem, solange die Wassertiefe mindestens einen Meter beträgt. Der Carassius Gibelio Forma Auratusa hält sich zu der Zeit am liebsten im unteren Teil des Teiches auf, da es im Winter dort angenehm ist.

Achten Sie darauf, dass er im Sommer eine Wassertemperatur von 20 °C braucht. Diese sollte keinesfalls überstiegen werden. Daher ist es sehr empfehlenswert, den Teich so anzulegen, dass er im Halbschatten liegt.

GOLDFISCH BLACK MOOR (CARASSIUS AURATUS)

Steckbrief:

Name	Goldfisch Black Moor (Carassius auratus)
Körpergröße	Bis zu 35 cm
Nahrung	Lebendfutter, Frostfutter, Futtergranulat, Flockenfutter
Überwinterung im Teich	Ist möglich bei einer Teichtiefe von mindestens 100 cm
Haltung	Leicht

Schwarmgröße	Mindestens 5 Fische
Schwimmgebiet	Nah unter Wasseroberfläche
Wassertemperatur	4 bis 24° Celsius
Haltung zusammen mit (Sprechen Sie diesbezüglich immer mit einem Fachmann)	Goldfische

Der Black Moor zählt zu den beliebtesten Teichfischarten, aber auch zu den beliebtesten Goldfischarten. Wie alle Goldfische ist auch er ein Süßwasserfisch. Er ist eine Zuchtform des Giebels, welcher besonders in Asien weit verbreitet ist. Bei diesem Goldfisch ist der Name Programm, denn ihn erkennen wir an seiner dunklen Färbung. Zudem ist er kugelförmig und hat sehr markante Augen.

Wer sich diesen Fisch zulegen möchte, sollte wissen, dass er im Teich gehalten werden sollte. Dabei ist es wichtig, dass der Teich mindestens 500 l Wasser fasst, da der Fisch sehr lang werden kann und mindestens fünf Fische zusammen gehalten werden sollten. Damit die Fische auch im Winter im Teich bleiben können, ist eine Teichtiefe von mindestens 100 cm notwendig. Der Black Moor ist ein sehr geselliger und friedlicher Fisch. Wenn Sie diesen halten möchten, sollten Sie daher unbedingt fünf Fische kaufen. Es spielt dabei aber keine Rolle, welche Farbe die Goldfische haben.

Wer sich den Black Moor zulegt, kann sich auf eine leichte Fütterung einstellen, denn er zählt zu den Allesfressern. Seine Lieblingsspeisen sind unter anderem Mückenlarven und Wasserflöhe. Wichtig ist, dass Sie auf eine abwechslungsreiche und artgerechte Ernährung der dunklen Goldfische achten.

SHUBUNKIN (CARASSIUS AURATUS)

Steckbrief:

Name	Shubunkin (Carassius auratus)
Körpergröße	15 bis 30 cm
Nahrung	Allesfresser: Pflanzen, Lebendfutter, Tiefkühlkost, Tabletten, Flocken
Überwinterung im Teich	Ist möglich bei einer Teichtiefe von mindestens 100 cm
Haltung	Leicht

Schwarmgröße	Mindestens 5 Fische
Schwimmgebiet	Nah unter Wasseroberfläche (nachts) Am Grund des Teichs (tagsüber)
Wassertemperatur	3 bis 28 °C
Haltung zusammen mit (Sprechen Sie diesbezüglich immer mit einem Fachmann)	Goldfische

Der Name des Fisches ist auf seine Calico-Färbung zurückzuführen, welche mit ihrem Scharlachrot direkt ins Auge sticht. Das Besondere sind die gesprenkelten Muster, welche wir auf der schuppenlosen Haut erkennen können. Wir können auch sagen, dass der Shubunkin ein zweifarbiger Zierfisch ist. Er zählt zu den japanischen Goldfisch-Zuchtvarianten. Mit seinem Aussehen ähnelt er sehr stark dem Koi, allerdings ist er viel kleiner als dieser, wodurch er problemlos identifiziert werden kann.

Diese Goldfischart kann bis zu 30 cm lang werden, mindestens aber 15 cm. Seine Schwanzflosse ist sehr außergewöhnlich, denn sie nimmt die Hälfte seiner gesamten Körperlänge ein. Die Körperform und seine Flossen gleichen dem des Goldfisches. Seine gesprenkelten Muster und die

Schwanzflosse machen ihn jedoch zu einer Besonderheit. Zudem gibt es ihn in verschiedenen Farbvarianten: Blau, violett, orange, schwarz, weiß oder rot.

Typisch für einen Goldfisch ist auch dieser sehr gesellig und friedlich. Er liebt es, mit mindestens vier weiteren Fischen im Teich zu schwimmen. Interessant ist, dass er sich am Tag eher am Grund des Teiches aufhält, während er abends gerne an die Oberfläche schwimmt. Wenn es ihm rundum gut geht, vermehrt er sich ohne Probleme. Behalten Sie das kleine Kerlchen also immer schön im Auge.

Was ihn zu einem besonders pflegeleichten Fisch macht, ist die Tatsache, dass er alles frisst: Pflanzen, Mücken, Wassertierchen und auch Futter, welches Sie zufüttern.

SARASA COMET (CARASSIUS AURATUS)

Steckbrief:

Name	Sarasas Comet (Carassius auratus)
Körpergröße	Bis zu 30 cm
Nahrung	Allesfresser: Pflanzen, Lebendfutter, Tiefkühlkost, Tabletten, Flocken
Überwinterung im Teich	Ist möglich bei einer Teichtiefe von mindestens 100 cm

Haltung	Leicht
Schwarmgröße	Mindestens 5 Fische
Schwimmgebiet	Nah unter Wasseroberfläche (nachts) Am Grund des Teichs (tagsüber)
Wassertemperatur	4 bis 20 °C
Haltung zusammen mit (Sprechen Sie diesbezüglich immer mit einem Fachmann)	Goldfische

Der Körper sowie die Färbung sind dem des Goldfisches gleichzusetzen. Wie beim Shubunkin ist die Schwanzflosse das Besondere dieser Goldfischart. Diese ist tief gegabelt und sehr lang. Die Flossenenden sind zugespitzt. Zudem wird er nicht größer als ein normaler Goldfisch.

Auch er zählt zu den geselligen und friedlichen Allesfressern unter den Goldfischen. Dahingehend ist es recht problemlos, sich diesen Fisch zu halten. Zu seinen Lieblingsspeisen zählen unter anderem Würmer, Insekten und kleine Wassertierchen. Für ihn ist die Gesellschaft anderer Fische sehr wichtig. Daher ist es zu empfehlen, ihn mit mindestens vier weiteren Fischen zu halten. Am Tag bevorzugt er es, sich in den tiefen Teichregionen aufzuhalten. Abends kommt er jedoch gerne an die Oberfläche, um sich die kleinen Mücken schmecken zu lassen.

Der Fisch zählt zu den Kaltwasserfischen. Daher sollte die Wassertemperatur 20 °C nicht übersteigen. Zudem sollten ihm viele Schattenzonen geboten werden. Im Winter ist die Überwinterung im Teich kein Problem, wichtig ist jedoch, dass der Teich nicht bis zum Boden zufriert. Wer dies nicht gewährleisten kann, sollte die Fische in eine Wanne oder Tonne packen, welche an einem ruhigen, dunklen und sicheren Ort (am besten im eigenen Keller) stehen kann.

Schleierschwanz (Carassius auratus)

Steckbrief:

Name	Schleierschwanz (Carassius auratus)
Körpergröße	Bis zu 25 cm (meist aber nur 10 – 15 cm)
Nahrung	Allesfresser: Pflanzen, Lebendfutter, Tiefkühlkost, Tabletten, Flocken
Überwinterung im Teich	Überwinterung nur im Haus bei 12-15 °C

Haltung	Hier gibt es vieles zu beachten (siehe Text)
Schwarmgröße	Mindestens 5 Fische
Schwimmgebiet	Unter Wasseroberfläche
Wassertemperatur	12 bis 25 °C
Haltung zusammen mit (Sprechen Sie diesbezüglich immer mit einem Fachmann)	Goldfische, andere Kaltwasserfische

Anders als die bisher beschrieben Arten ist der Schleierschwanz sehr empfindlich, was Kälte angeht. Zudem ist es notwendig, dass das Wasser äußerst gründlich gefiltert wird. Der Schleierschwanz ist ebenfalls eine Zuchtform des Goldfisches. Ursprünglich wurde er in China gezüchtet. Wie bereits sein Name verrät, ist es die Schwanzflosse, welche ihm ein wundervolles Merkmal schenkt. Aber auch die Rücken- und Afterflosse sind bei ihm besonders. Sein Körper ist rund und er wird in der Regel bis 15 cm groß (in Ausnahmefällen aber auch bis zu 25 cm).

Die Färbung der Fische kann von rot, orange, weiß bis hin zu schwarz reichen. Es gibt aber die sogenannten Schecken unter den Schleierschwänzen. Diese können zwei- bis dreifarbig sein. Manche Schleierschwänze haben auch glänzende Schuppen. Daher tragen sie den Namen: „Perlschupper".

Wie auch seine Vorgänger liebt er die Gesellschaft anderer Fische. Er braucht sie, um sich rundum wohlzufühlen. Wenn Sie sich also einen Schleierschwanz anschaffen sollten, ist es sehr zu empfehlen, mindestens fünf zu kaufen. Auch er zählt zu den friedlichen Fischarten.

Im Sommer kann der Schleierschwanz sehr gerne im Teich gehalten werden. Die Voraussetzung ist, dass er mindestens 80 cm tief ist und ca. 500 l Wasser fasst. Eine Lieblingsbeschäftigung des Schleierschwanzes ist das Gründeln. Sorgen Sie also auch dafür, dass der Boden weich ist. Hierfür eignet sich Teicherde wunderbar. Er liebt es zudem, sich verstecken zu können. Da er aber auch gerne Pflanzen frisst, sollten Sie hier schnellwüchsige Pflanzen auswählen. Wichtig ist, dass Sie auf eine gute Filterung des Wassers achten, da er sehr empfindlich auf trübes Wasser reagiert.

Durch seine Körperform ist der Schleierschwanz sehr empfindlich. Daher sollten Sie ihn keinesfalls im Teich überwintern lassen. Wichtig ist jedoch, dass sie an einem kühlen Ort überwintern können, da ihr Stoffwechsel sonst sehr stark arbeiten muss. Die optimale Temperatur des Wassers liegt bei 12 bis 15 °C. Wie auch die anderen Goldfischarten frisst der Schleierschwanz alles gerne. Bieten Sie ihm daher gerne eine abwechslungsreiche Ernährung.

WELCHE GOLDFISCHARTEN SIND PFLEGELEICHTER?

Ein Goldfisch ist schön anzusehen und ein Hingucker in jedem Gartenteich. Doch was viele Menschen vor dem Kauf eines Goldfisches unbedingt machen sollten, ist, sich ausreichend über die Fische und deren Pflege zu informieren. Natürlich haben Sie bereits einiges in diesem Ratgeber erfahren, doch der Rat eines Fachmannes kann Ihnen noch viele weitere wichtige und auch interessante Informationen vermitteln.

Damit Sie wissen, womit Sie sich beschäftigen sollten, ehe Sie sich Goldfische zulegen, habe ich hier eine kleine Checkliste für Sie erstellt, welche Sie sehr gerne nutzen dürfen.

Darauf kommt es bei der Goldfischhaltung an:

- Das richtige Zubehör zur Pflege
- Das passende Futter
- Überwinterung im Teich oder Aquarium
- Geeignete Teichpflanzen/ Aquarienpflanzen
- Ausreichend viele Fische einplanen
- Durchdachte Zusammenstellung mit anderen Fischarten
- Umgang mit Fortpflanzung ist bekannt
- Ausreichend Platz für alle Fische

- Beerdigung eines Goldfisches

Kommen wir nun zurück zur Frage, mit der sich das Kapitel hauptsächlich beschäftigt. Welche Goldfischarten sind denn nun eigentlich pflegeleichter? Der Goldfisch, so wie wir ihn hierzulande kennen, ist sehr robust und pflegeleicht. Der kleine gesellige Kerl ist bereits zufrieden, wenn Sie ihm ein ausreichend großes zu Hause schenken und den ein oder anderen Gefährten dazu kaufen. Alle Goldfischarten, die es hier zu kaufen gibt, lieben die Gesellschaft.

Wenn Sie eine spezielle Art halten möchten, ist es wichtig, dass Sie sich im Vorfeld ausführlich mit dieser befassen und sich beim Kauf auch richtig beraten lassen. Wer einen Zuchtfisch kaufen möchte, wird dies gewiss bei einem Züchter tun. Achten Sie darauf, dass dieser Ihnen die Papiere des Fisches und seine Zugehörigkeit zu einem Verein bescheinigen kann. Nur so können Sie auf Nummer sicher gehen und nicht Gefahr laufen, einem Betrüger auf den Leim zu gehen.

WELCHE GOLDFISCHARTEN SIND EMPFINDLICHER?

Wie Sie bereits erfahren haben, gibt es viele verschiedene Zuchtformen des beliebten Goldfisches. Doch können tatsächlich alle in einem Gartenteich gehalten werden oder gibt es unter ihnen auch Arten, die eher empfindlich sind? Die Antwort lautet: Ja, die gibt es!

Ein Schleierschwanz beispielsweise ist sehr kälteempfindlich. Bei ihm müssen genaue Angaben über die Haltung beachtet werden, wie beispielsweise, dass die Wassertemperatur mindestens 12 Grad Celsius betragen sollte und er keinesfalls im Teich überwintern sollte. Der Grund dafür ist seine runde Körperform.

Manche Fische sind sehr wärmebedürftig und damit auch nicht so winterhart wie der normale Goldfisch. Andere haben wiederum sehr skurrile und unnatürliche Flossen. Auch die unterschiedlichen Körperformen sind ein Grund dafür, dass manche Art nicht für die Haltung im Teich bestimmt ist.

Diese Arten sind nicht zur Haltung im Teich geeignet:

- Schleierschwänze (nur im Sommer)
- Teleskopfische
- Doppelschleierfische
- Himmelsgucker
- Büffelfische

- Eierfische
- Löwenköpfe

Wer sich beispielsweise überlegt hat, einen der oben genannten Fische zu kaufen, der sollte sich genau darüber informieren, was der Fisch am liebsten mag und wie er tierfreundlich gehalten werden kann. Hinweis: Es gibt auch viele Züchtungen, die unter qualvollen Bedingungen gezüchtet werden. Es ist in Deutschland daher verboten, diese im Fachhandel zu verkaufen.

GIBT ES GEFÄHRLICHE GOLDFISCHE?

Ein Goldfisch soll gefährlich sein? Nie im Leben! Oder etwa doch? So skurril das klingen mag, es ist tatsächlich wahr! Allerdings sind wir Menschen daran schuld. Der Fisch bedroht auch nicht uns, sondern Amphibienarten, die sehr selten sind und in wilden Gewässern leben. Wie der Goldfisch diesen gefährlich werden kann? Es gibt tatsächlich Menschen, die sich Goldfische anschaffen, aber irgendwann merken, dass sie keine Lust mehr haben, sich um die Zierfische zu kümmern. Anstatt sie weiterzugeben, setzen einige Menschen die Fische einfach in wilden Gewässern aus.

Wenn Sie die Geschichte des Goldfisches verfolgt haben, wissen Sie bereits, dass der Fisch schon immer ein Haustier war. Wird dieser nun in wilden Gewässern ausgesetzt, folgen einige Probleme. Er stört das ökologische Gleichgewicht. Sie fragen sich, wie so ein kleiner Fisch ein riesiges ökologisches Gleichgewicht stören kann? Nun, er ist ein Vielfraß! Alles, was sich ihm in den Weg stellt, wird gefressen. Laich oder Kaulquappen, er liebt einfach alles.

Wird der Goldfisch in einen Tümpel ausgesetzt, kann es passieren, dass er die Hälfte der dort lebenden Kleinlebewesen auffrisst. Somit ist bereits ein ganzer Bestand an Fröschen und anderen Amphibien gefährdet. Für den Schutz seltener Arten ist das natürlich überaus fatal.

Der Goldfisch ist in einem wilden Gewässer ein Eindringling, auch Neozoon genannt. Auch wenn er sehr anpassungsfähig ist, heißt das nicht, dass er nicht gefährlich ist. Viele ausgesetzte Fische gehen zwar ein, manche aber sind sehr widerstandsfähig. Diese haben einen starken Willen zu überleben. Wenn sie sich fortpflanzen – und wir haben bereits erfahren, dass das Weibchen bis zu 3000 Eier legen kann – ist bald das ganze wilde Gewässer von Goldfischen besiedelt, während eben andere Arten immer weniger werden.

Der Goldfisch ist ein Süßwasserfisch, aber es wurde festgestellt, dass er sogar in salzhaltigem Brackwasser überleben kann. Mittlerweile kommt er auf der ganzen Welt in wilden Gewässern vor. Wir können daher festhalten, dass der Goldfisch für den Menschen zwar ungefährlich ist, nicht aber für seine Umwelt, wenn er ausgesetzt wird. Überlegen Sie sich daher genau, ob Sie Goldfische halten möchten und setzen Sie Ihre Fische niemals aus!

- Kapitel 11 -

DAS EINSETZEN DER GOLDFISCHE

Die Goldfische sind gekauft und nun geht es endlich mit ihnen nach Hause. Doch bevor diese in das Aquarium oder den Teich eingesetzt werden können, ist noch einiges zu beachten. Wenn viele Fehler unterlaufen, bedeutet das Stress für die Fische und kann im schlimmsten Fall sogar zum Tod der Fische führen. Beispielsweise kann der Transport der Fische sehr viel Stress hervorrufen.

Schauen wir uns erst einmal an, wie Goldfische am besten eingefangen werden. Einen Fisch zu transportieren kann nämlich auch notwendig werden, wenn Sie in eine neue Wohnung oder ein Haus umziehen. Damit Sie gut vorbereitet sind, habe ich Ihnen das Wichtigste zusammengetragen.

Bevor ein Fisch transportiert werden kann, muss er logischerweise eingefangen werden. Dies machen wir mit einem Kescher. Dabei ist es wichtig, dass dieser mindestens viermal so groß wie die Fische ist. Am besten wählen Sie übrigens zwei Fangnetze, eines zum Treiben und das andere zum Einfangen. Ist der Fisch im Netz, wird der Kescher aus dem Wasser gehoben und mit einer Hand unter das Netz gefasst. So wird vermieden, dass der Fisch unnötig zappelt, was für ihn nur Stress bedeuten würde. Aus diesem Grund empfiehlt es sich außerdem, zu zweit zu arbeiten. So kann sich einer voll und ganz um den eingefangenen Fisch kümmern und ihn in das Transportgefäß packen. Ganz wichtig ist, dass Sie den Fisch nicht zu lange außerhalb des Wassers lassen. Bereiten Sie also im Vorfeld alles ganz genau vor.

Sind alle Fische im Transportgefäß, geht es direkt mit dem Transport weiter. Für den Behälter müssen Sie folgende Dinge unbedingt beachten:

- Der Behälter muss 100 % wasserdicht sein,
- er muss der Größe der Fische angepasst sein und
- mit ⅓ Wasser und ⅔ Luft befüllt werden.
- Bei längerem Transport: Sicherung mit Styroporbox
- Durchsichtige Behälter sollten abgedunkelt werden
- Bei viel Stress können wir auch Beruhigungsmittel verabreicht werden

EINSETZEN IN DAS AQUARIUM

Wenn Sie am Ziel angekommen sind, haben die Fische die größte Strapaze bereits überstanden. Wer denkt, dass die Fische nun direkt in das Aquarium gesetzt werden können, der irrt sich. Das Wasser ist völlig anders als das, in welchem sie bisher lebten. Daher ist es notwendig, dass Sie Ihre Fische zunächst an das Aquariumwasser gewöhnen.

Befinden sich die Fische in einem Luftbeutel, kann dieser einfach auf die Wasseroberfläche des Aquariums gelegt werden. Wichtig ist, dass er geschlossen bleibt. Warum das so gemacht werden muss? Auf diese Art können Sie die Wassertemperatur im Luftbeutel an die des Aquariums anpassen. Zudem können sich die Fische so ganz gut die neue Umgebung ansehen. Es wird empfohlen, den Beutel ca. 15 Minuten auf dem Wasser schwimmen zu lassen.

Nun wird es spannend und Ihre volle Konzentration ist gefordert! Der Beutel wird geöffnet und der Rand umgekrempelt. Alle zehn Minuten wird nun etwas Wasser vom Aquarium hineingefüllt. So kann sich der Fisch langsam an die neuen Wasserwerte gewöhnen.

Nach ca. 30 bis 60 Minuten dürfen Sie nun die Fische in das Becken hineinlassen. Eine zweite Person fängt sie mit einem

Kescher ein und lässt sie dann vorsichtig in das Aquarium gleiten.

Tipp: Richten Sie das Aquarium ca. drei Wochen vor dem ersten Fischkauf her. So hat das Wasser genügend Zeit, sich zu stabilisieren, was für die Fische wichtig ist, denn erst dann können sie eingesetzt werden. Natürlich gibt es im Fachhandel spezielle Mittel, die den Prozess der Stabilisierung beschleunigen, aber davon rate ich ab, ganz besonders, wenn Sie sich zum ersten Mal Fische zulegen.

Quarantäne für den Fisch:
Wenn Sie bereits Fische im Aquarium haben und neue dazu kaufen, ist es sehr zu empfehlen, die Fische erst einmal in ein separates Becken zu setzen. Der Grund dafür ist, dass die Fische Bakterien oder gar Krankheiten mit sich herumtragen können. Diese würden sie dann auf die bereits vorhandenen Fische übertragen. Ich bin mir sicher, dass Sie dies vermeiden wollen. Sind die Neuen in Quarantäne, müssen Sie diese ganz genau beobachten.

Folgendes sollten Sie im Auge behalten:

- Verhalten der Fische
- Aussehen der Fische
- Schwimmverhalten
- Fressverhalten
- Eventuelle Anzeichen für Krankheiten

EINSETZEN IN DEN GARTENTEICH

Wer neue Fische für den Teich kauft, möchte diese natürlich auch zügig einsetzen. Doch auch hier sollten Sie so vorgehen, wie Sie es gerade eben gelesen haben. Nur so können Sie die Fische Schritt für Schritt an die neue Umgebung und das neue Wasser gewöhnen sowie eventuelle Krankheiten erkennen, ohne Ihren vielleicht schon vorherrschenden Bestand zu gefährden.

Welche Zeit eignet sich eigentlich, um Fische in den Teich einzusetzen?

Ideal ist es, wenn Sie die Fische im Frühling einsetzen. Es wird langsam wärmer und somit steigt auch die Temperatur des Wassers an. Natürlich ist es auch im Sommer möglich, doch Sie sollten bedenken, dass der Herbst sehr kalt werden könnte und die Fische recht zügig wieder aus ihrem neuen Heim entnommen werden müssen. Aus diesem Grund rate ich Ihnen, bis zum nächsten Frühling damit zu warten.

Wenn der Teich neu angefertigt wurde, ist es zudem notwendig, dass dieser erst einmal ein biologisches Gleichgewicht herstellen kann. Das braucht natürlich Zeit. Sie können sich nach den eingesetzten Pflanzen richten, diese benötigen ca. zwölf Wochen, ehe sie sich an die neue Umgebung gewöhnt haben und zum Aufbau des neuen Biotops beitragen. Nach diesen zwölf Wochen dürfen nun auch die Fische hinein. Die Wassertemperatur sollte dabei stets bei 12 Grad Celsius liegen.

- Kapitel 12 -

ZUCHTFORMEN

Wenn von Zuchtformen gesprochen wird, ist nicht die Rede von einer Art oder Rasse. Bei Goldfischen ist es wie bei Hunden: Es gibt keine Arten, da die Fische dieselben Vorfahren haben und dazu in der Lage sind, sich untereinander fortzupflanzen. Das Ziel einer Rassezucht ist, reinerbige Merkmalsträger zu züchten. Bei Goldfischen ist dies aber nicht möglich.

1908 erschien der deutschsprachige Standard über Goldfische. Laut diesem sind vier Formen für die Bewertung wichtig. Im englischen Standard, welcher 1977 erschien, ist die Rede von siebzehn Formen. Schauen wir nach China, finden wir bereits über 450 Varianten wieder.

Die japanischen Zuchtformen sind entweder weiterentwickelte Zuchtformen der chinesischen, aber auch eigens entwickelte Zuchtformen. Tatsächlich tragen die meisten Zuchtformen in Deutschland japanische Namen. Sie sehen, es gibt eine sehr große Vielfalt. Wie sollen wir diese nur ordnen?

Im alten China hatten die Menschen nicht vor, Fische zu züchten, die in Katalogen aufgelistet werden konnten.

Vielmehr war es so, dass sie einen Fisch haben wollten, der einzigartig ist. Fische einzuordnen ist allein europäisches Denken. Schauen wir in die Zoohandlungen, entspricht das Angebot dort größtenteils aber keinem Standard. Die meisten Fische sind nicht klassifiziert und weisen unterschiedliche Merkmale auf. Hinzu kommen die fantasievollen Verkaufsnamen. Daher sollten wir Europäer uns vielleicht darauf besinnen, was die alten Chinesen wollten: Einen einzigartigen Fisch besitzen.

Damit Sie einen groben Überblick erhalten, möchte ich Ihnen gerne drei Zuchtformen näher vorstellen. Zudem verweise ich auch auf umstrittene Zuchtformen, da diese mitunter verboten sind.

GESTRECKTE ZUCHTFORMEN

Gemeinsame Merkmale	Besonderheiten	Haltung
• Alle Flossen sind einfach • Körper der Wildform ähnlich • Spindelförmig gedreht	• Färbung von der Wildform abweichend • Evtl. größere oder anders geformte Flossen	• Robust • Unempfindlich • Teich und Aquarium möglich • Schwanzflossen und Körpergröße für Wassermenge wichtig

Zu ihnen zählt der **normale Goldfisch**. Er ist sozusagen der Ur-Goldfisch. Über diesen haben Sie bereits einiges erfahren können.

Auch der **Kometenschweif** ist eine gestreckte Zuchtform. Dessen Körperform gleicht der des normalen Goldfisches. Seinen Namen hat er aufgrund seiner vergrößerten und lang gezogenen Schwanzflosse erhalten. Es ist aber meist auch so, dass alle seine Flossen vergrößert sind. Die Bauch- und Brustflossen sind dabei eher spitz und haben eine gerade Kante. Die Amerikaner sehen sich oft als „Entwickler“ dieser Fische, dabei stammen sie aus Japan. Wer einem Kometenschweif ein Aquarium mit ausreichend Platz zur Verfügung stellt und ihm sehr gute Ernährungsmöglichkeiten bietet, sorgt dafür, dass sich sehr majestätische Fische entwickeln. Achten Sie beim Kauf auf die Schwanzflosse. Ist sie bereits bei Jungfischen sehr groß gewachsen, ist das ein Zeichen dafür, dass diese auch im Alter sehr unproportioniert bleibt.

Hat ein Kometenschweif eine sehr auffällige grau-braun-olivfarbene Färbung, wird er Eisenfisch genannt. Diese sollen bei der Kreuzung zwischen einem Franzenschwanz und einem Silbergiebel entstanden sein. Diese Fische sind sehr selten. Manchmal schwimmen in einem Verkaufsbecken schwarze Fische herum. Eine Überraschung erleben wir mit diesen immer, egal ob billig verkauft oder teuer entstanden. Die schwarze Farbe behalten sie nämlich nicht bei. Sie färben sich erst viel später um. Manchmal ist es sogar der Fall, dass sie die roten Pigmente verlieren. Die dauerhafte Wildfärbung ist selten. Zu finden sind sie tatsächlich eher beim Nachwuchs von Kometenschwänzen, die im Teich leben.

Eine weitere gestreckte Form ist der **Shubunkin**. Dieser hat eine gesprenkelte Kaliko-Färbung und wird fälschlicherweise auch schuppenlos genannt. Schauen wir uns den britischen Standard an, wird der London Shubunkin so beschrieben, dass er dem Common Goldfisch sehr ähnelt. Lediglich die Oberfläche ist anders, nämlich nicht metallisch, sondern mit Perlmuttschimmer in allen Farben und verschiedenen Kombinationen zu finden. Der Bristol Shubunkin hat eine lappige, vergrößerte Schwanzflosse, deren Enden gerundet und die Rückenflosse hoch ist. Das Wort Shubunkin bezeichnet die Farbe des Fisches. Die Japaner meinen damit jedoch die langflossigen Fische. Auch der American Shubunkin folgt dieser Tradition. Schauen wir in unsere Zoohandlungen, werden wir zahlreiche Shubunkins finden, die keinem dieser Standards entsprechen. Das einzige Merkmal ist deren Kaliko-Färbung.

Dann gibt es noch den **Grasgoldfisch**. Bei ihm ist besonders, dass er gestreckt ist, jedoch eine geteilte Schwanzflosse hat, welche in der Größe wie bei Karpfen ist, aber sehr variabel in der Form sein kann. Bei manchen Fischen ist die Schwanzflosse komplett geteilt, bei anderen wiederum nur in der Hälfte. Letztere ähneln dem Heck eines Flugzeuges. Der Rumpf sowie die anderen Flossen ähneln dem normalen Goldfisch. In China gelten diese Fische als Vorfahren der Schleierschwänze, die ich Ihnen später noch vorstellen werde.

Kauf dieser Fische ist jedoch abzuraten, da diese die Kriterien der Tierquälerei sehr stark erfüllen.

SCHLEIERSCHWÄNZE

Gemeinsame Merkmale	Besonderheiten	Haltung
• Gestauchter, verdickter Rumpf • Unter-schiedlich hochrückig • Geteilte Schwanz-flosse	• Färbung viel-fältig • Stark vergrö-ßerte oder anders ge-formte Flos-sen (echter Schleier-schwanz: Lang und herab-hängend) • Bei anderen kurz und aufrecht • Evtl. verdickte Augen • Kopfaus-wuchs bei einigen Züch-tungen • Perlschuppen	• Wärme-bedürftig • Anspruchs-voller • Empfindlicher

	• Umgewendete Kiemendeckel • Teilweise pomponartige, fleischige Auswüchse an den Nasenscheidewänden	

Zu dieser Form zählt beispielsweise der **Ryukin**. Dessen Körper hat eine eierförmige oder buckelrückige Form. Die Caudale ist lang und geteilt und ergänzt die Anale, welche ebenfalls geteilt ist. Aus diesem Grund wird dieser Fisch auch als vierschwänzig bezeichnet. Diese Form entstand schon während der Ming-Zeit. Auf Okinawa wurde diese Form ab dem 17. Jahrhundert gezüchtet. Den japanischen Namen Ryukyo kingyo, kurz Ryukin erhielt er im 18. Jahrhundert.

Der **Fächerschwanz**, welcher den englischen Namen Fantail trägt, hat eine gestauchte Körperform und eine vollständig geteilte / gegabelte Caudale. Wie ein Fächer steht diese aufrecht und wird abgespreizt. Die asiatischen Fische dieser Art wurden für die Draufsicht gezüchtet, weshalb sie in

Kübeln gehalten wurden. Die britischen und amerikanischen hingegen sind zur Vorderansicht im Aquarium gezüchtet. Ihre Ahnen sind die Grasgoldfische. Früher waren sie schlank und erhielten erst im 20. Jahrhundert ihre gestauchte Form.

Der **Veiltail** – zu Deutsch **Schleierschwanz** – hat eine kurze und gerundete Körperform. Die Schwanzflosse hat die Form eines Schleiers, ist lang und herunterhängend. Die Afterflosse ist ebenso geteilt. Rücken,- Bauch- und Brustflossen sind ebenfalls lang. Zudem hält der Schleierschwanz seine lange Rückenflosse aufrecht. Diese Form ist empfindlich gegen kühles Wasser und somit nicht für die Haltung im Teich zu empfehlen.

Interessant ist auch das **Drachenauge**. Die verdickten, kugelförmigen Augen sind das ausschlaggebende Merkmal für dessen Namen. Im Übrigen wird er auch **Teleskopauge** genannt, da die Augen zylinder- oder kegelförmig hervorstehen. Je nach Zuchtform ist dieser in verschiedenen Farben zu finden. Früher zählten Drachenaugen übrigens zu den gestreckten Fischen. Als sie dann aber mit Wen-förmigen Fischen gekreuzt wurden, änderte sich dies. Zudem ist es so, dass die schlanken Formen heutzutage nicht mehr gezüchtet werden. Nach dem deutschen Standard ist der Teleskopfisch dickbäuchig und schwarz und hat kugelige Augen. Im britischen Standard trägt er den

Namen **Black Moor**. Dabei ist diese Namensgebung Quatsch, da er in allen möglichen Farben erhältlich ist.

Der **holländische Löwenkopf** ist gar nicht so holländisch, wie der Namen annehmen lässt. Im 19. Jahrhundert wurde er in Nagasaki bekannt und später aus China importiert. In Japan erlangte er letztlich seine Popularität. Sein japanischer Name heißt übrigens Oranda, was Holland bedeutet. Seine Körperform sowie die Flossen ähneln zwar dem der Veiltails, aber sie sind vielfältiger. Daher sind sie auch weniger streng standardisiert. Sie haben einen sehr charakteristischen Kopfwuchs, welchen es in unterschiedlichen Formen und Größen zu entdecken gibt. Dieser Fisch kann mitunter bis zu 60 cm groß werden. Wer mit dem Gedanken spielt, sich diesen anzuschaffen, sollte daher unbedingt darauf achten, dass das Aquarium eine ausreichende Größe hat. Der holländische Löwenkopf ist nicht für Anfänger geeignet.

UMSTRITTENE ZUCHTFORMEN

Mit diesem Ratgeber möchte ich über den Goldfisch informieren. Da es aber gerade beim Thema Goldfischzucht Kritikpunkte gibt, möchte ich Sie auf diese ebenfalls aufmerksam machen. Die Kritik an manchen Züchtungen hat den Gedanken des Tierschutzes als Grundlage. Gerade fortgeschrittene Aquarianer haben zum Ziel, sich mit ihrem Aquarium ein wenig Natur in ihre eigenen vier Wände zu holen. Dagegen steht der Ursprung des Goldfisches. Seit vielen Tausend Jahren wird dieser aufgrund seiner Abweichungen verehrt. Was Sie selbst bevorzugen, sollte immer mit dem Gedanken einhergehen, ob das dem Wohl des Tieres entspricht. Zudem wird Fachwissen benötigt, aber auch naturwissenschaftliche Grundkenntnisse.

Es gibt Bücher aus dem 18. Jahrhundert, welche den sogenannten Schläfer beschreiben. Dieser sank immer wieder auf den Boden oder trieb auf dem Rücken durch das Wasser. Wahrscheinlich hatte dieser einen schweren Schwimmblasendefekt. Das verdeutlicht, dass es auch kritische Auswüchse geben kann. Schauen wir uns den § 11b im Tierschutzgesetz an, finden wir schnell heraus, dass dort die Zucht von Wirbeltieren verboten ist, wenn diese wegen ihrer Merkmale leiden müssen oder auch ihr Verhalten, wie es für diese Art typisch ist, nicht ausleben können.

In Schweden ist es beispielsweise so, dass der Verkauf von Orandas verboten ist. In den Ländern Österreich, Schweiz und auch hier in Deutschland ist die Forderung nach Verboten sehr groß. Allerdings ist es so, dass ein Großteil dessen, was Kritiker negativ bewerten, kein pauschales Problem bestimmt oder sogar völliger Irrsinn ist. Ein Beispiel davon ist, dass Perlschuppen als angeborene Schuppensträube deklariert werden.

Oftmals zeugen Diskussionen darüber von großem Unwissen. Schauen wir uns die Seite der Kritiker an, ist es gar eine Bevormundung. Können wir wirklich davon ausgehen, dass es Goldfische gibt, welche aufgrund ihrer Zuchtmerkmale leiden? Es werden harmlose Erscheinungen diskriminiert und dadurch echte Probleme übersehen. Tatsächlich ist es so, dass nicht alle Probleme, die ein Goldfisch hat, auch auf den Zuchtmerkmalen beruhen. Daher sind die kritischen Erscheinungen oftmals nicht das Problem, sondern die Auswahl, welche Fische tatsächlich in den Handel kommen. Hinzu kommt, dass es bei vielen Haltern mangelhafte Bedingungen für die Haltung der Fische gibt.

Sehr oft werden hierzulande Goldfisch-Zuchtformen zu sehr niedrigen Preisen im zweistelligen Bereich angeboten. Eine sorgfältige Zucht, die zu gesunden Tieren führt, ist dementsprechend kaum möglich.

Wenn wir die Verkaufspreise von Kois betrachten, sind dreistellige Summen üblich. Vierstellige zahlen wir für das Image. Menschen, die nicht dazu bereits sind, angemessene Preise zu zahlen, brauchen sich hinterher nicht über „Problemfische“ wundern. Kritiker dürfen hier auch kein Problem der Zuchtform anprangern. Es ist daher so, dass häufig nicht das Zuchtmerkmal selbst der Auslöser für das Leid von Fischen ist, sondern die billigen Zuchten und importierten Tiere. Eine Goldfischzucht muss sorgfältig vonstattengehen, denn nur so können problematische Fälle ausgeschlossen werden.

Schauen wir uns die gestauchten Fische an, bemerken wir oft, dass diese Probleme bei der Verdauung haben. Die Ursache dafür ist, dass ihr Darm lang, aber eingeengt ist. Hinzu kann auch eine falsche Fütterung kommen. Gasbildung, das Schlucken von Luft, wenn der Fisch an der Wasseroberfläche frisst oder gar aufquellendes Futter sorgen dafür, dass der Fisch auftreibt. Verharmlost wird dies korken genannt. Zudem ist es auch möglich, dass die hintere Schwimmblasenkammer verkümmert ist, fehlt oder beide Kammern falsch positioniert sind. Manchmal haben Fische auch umgewandte Kiemendeckel, welche nicht richtig schließen. Dies beeinträchtigt den Fisch bei der aktiven Atmung. Bei einigen Ryunkins ist es so, dass die Kiemendeckel am verdickten Rumpf anstoßen, wodurch sie nicht schließen können. In Ruhephasen kann es deshalb zu einem Mangel an Sauerstoff kommen. Wasser, welches sauerstoffreich ist und sich bewegt, ist wichtig für diese Tiere. Und doch leiden viele Fische.

Die sogenannten Nasenpompons haben Ausprägungen vor dem Maul. In dem Fall stören diese Ausprägungen das Einströmen des Wassers. Der Fisch kann dann unter Atemnot leiden. Es besteht eine Verletzungsgefahr.

Ein Goldfisch gründelt sehr gerne. Betrachten wir das Blasenauge, wird die Kritik lauter, denn die Blasen sind mitunter so groß, dass die Fische nicht gründeln können. Zudem sind die Blasen mit Lymphe gefüllt. Die Menge kann genauso viel sein, wie sie im ganzen übrigen Körper entspricht. Das allein ist schon eine wahnsinnige physiologische Herausforderung. Es gibt Halter, welche darüber berichten, dass die Organe der Tiere aufgrund der hohen Menge an Lymphe in den Blasen beeinträchtigt sind. Tiere, welche sehr große Blasen haben, erkranken zudem häufiger.

Es gibt allerdings auch Studien, welche aufzeigen, dass die Regeneration der Blasenaugen enorm ist. Forscher haben somit die Hoffnung, dies medizinisch nutzen zu können. Es besteht Bedarf einer Untersuchung, nur so kann eine klare Aussage darüber getroffen werden.

Manche Tiere haben einen Kopfauswuchsm welcher extrem wuchern kann. Dieser kann die Augen der Fische überdecken, wodurch sie behindert werden. Oftmals leiden die betroffenen Fische sehr darunter und liegen auf dem Boden herum, wodurch es zu Wundstellen kommt.

Obwohl diese Fische also besonders sind und oftmals sehr schön aussehen, ist es vermutlich ratsam, von diesen Fischen Abstand zu nehmen und sich stattdessen auf Zuchtformen zu beschränken, bei denen das Tierwohl mit Sicherheit an erster Stelle steht.

- Kapitel 13 -

SIND GOLDFISCHE ESSBAR?

„Während unsere Zuneigung zu den Fischen aber sonst überwiegend von dem Wohlgeschmack bestimmt wird, sind nur wenige Leute auf den Gedanken gekommen, auch Goldfische zu essen.“ (Grzimek, 1970)

Wenn Sie in diesem Kapitel Rezepte erwarten, mit welchen Sie Ihren Goldfischen etwas Wunderbares zaubern können, dann suchen Sie hier leider vergebens. Es ist tatsächlich so, dass man Goldfische essen kann. Unglaublich, oder? Damit Sie mir dies glauben, stelle ich Ihnen zwei Rezepte vor, mit welchen Sie den Goldfisch tatsächlich zubereiten können. Den meisten Tierhalten würde es wohl nie in den Sinn kommen, die eigenen Haustiere zu verspeisen. Auch ich bringe das bei meinen Fischen nicht übers Herz. Trotzdem möchte ich Ihnen diese Informationen nicht vorenthalten, auch wenn es Ihnen befremdlich vorkommen könnte.

In Asien beispielsweise werden die Goldfische bzw. deren Wildform schon seit vielen Jahrtausenden als Speisefische genutzt. Zur heutigen Zeit werden tatsächlich auch die Goldfische verwendet.

Wer die Fische aus dem eigenen Gartenteich verzehren möchte, aber den sumpfigen Geschmack umgehen will, sollte die Goldfische für einige Tage im klaren Wasser halten. Fische, die krank sind, Medikamente bekamen oder auf natürliche Weise gestorben sind, sollten jedoch nicht gegessen werden.

GOLDFISCH MIT BOHNENSOSSE (SCHARF)

Zutaten:

- 1 Goldfisch (ca. 150 g, lebend)
- 2 EL Sojasoße
- 1 EL Reiswein
- 2 TL Salz
- 1 Tasse Wasser
- ½ Tasse Öl
- 2 EL gehackte Frühlingszwiebeln
- 1 EL gehackter Ingwer
- ½ EL Essig
- ½ EL Maisstärke
- 1 EL gehackter Knoblauch
- 2 EL scharfe Bohnensoße (doubanjiang)
- 1 TL Zucker
- 1 TL Sesamöl

Zubereitung:

1) Der Fisch muss erst einmal erlegt und ausgenommen werden. Schneiden Sie ihn anschließend auf beiden Seiten ½ cm tief in 3 Streifen.
2) Braten Sie diese nun in Öl an.
3) Schieben Sie die Streifen zur Seite und nutzen Sie das restliche Öl, um Ingwer und Knoblauch anzubraten.

4) Geben Sie nun die scharfe Bohnensoße hinzu.
5) Wenn alles schön riecht, wird der Reiswein zusammen mit der Sojasoße hinzugefügt.
6) Vermischen Sie alles mit Zucker und Salz.
7) Geben Sie nun noch etwas Wasser hinzu. Legen Sie den Fisch in die Mitte.
8) Lassen Sie das Ganze für drei Minuten lang kochen und übergießen Sie den Fisch immer wieder mit der Soße.
9) Rühren Sie etwas Maisstärker mit Wasser an. Mit dieser Mischung können Sie die Soße anbinden. Geben Sie außerdem etwas Essig und Sesamöl hinzu.
10) Servieren Sie den Fisch auf einem tiefen Teller mit Reis und Frühlingszwiebeln.

GOLDFISCH SÜß-SAUER

Zutaten:

- 1 großen Goldfisch (ganz frisch, ca. 600 g)
- 1½ TL Salz
- 4 EL schwarzer Essig
- 3 EL Reisstärke
- 4 EL Wasser
- 2 Frühlingszwiebeln
- Etwas Pfeffer
- 2 EL Sojasoße
- ½ EL Sesamöl
- 4 EL Schweineschmalz oder Öl
- 2½ Tassen klare Brühe
- ½ Tasse frischen Ingwer in Streifen
- 2 Scheiben Ingwer
- 3 EL Zucker
- 1 EL Reiswein oder Shaoxing-Wein

Zubereitung:

1) Erlegen Sie den Fisch, nehmen Sie ihn aus und säubern Sie ihn.
2) Schneiden Sie ihn am Bauch auf. Am Rückgrat sollte er noch zusammenhängen.
3) Zerschlagen Sie das Rückgrat an mehreren Stellen. Nutzen Sie hierfür jedoch ein stumpfes Messer.

4) Geben Sie Wasser, Ingwerscheiben und Frühlingszwiebeln in einen großen Topf und bringen Sie das Gemisch zum Kochen.
5) Legen Sie den Fisch mit der Außenseite nach oben in das Wasser. Lassen Sie ihn so für zwei Minuten kochen.
6) Wenn die Augen weiß werden, kann der Fisch mit der Oberseite auf den Teller gelegt werden.
7) Legen Sie die Ingwerscheiben in kaltem Wasser ein, nehmen Sie diese heraus und drücken Sie sie trocken. Zusammen mit Pfeffer werden diese über den Fisch gestreut.
8) Erhitzen Sie 3 EL Schweineschmalz und gießen Sie den Reiswein zusammen mit der klaren Brühe hinzu. Fügen Sie außerdem alle anderen Zutaten außer Reisstärke und Sesamöl hinzu. Bringen Sie das Gemisch zum Kochen.
9) Erhitzen Sie das Schweineschmalz mit dem Sesamöl und gießen Sie dies mit der Soße über den Fisch.

- Kapitel 14 -

WAHR ODER FALSCH? DIE BEKANNTESTEN MYTHEN RUND UM DEN GOLDFISCH

Können Goldfische platzen?

Der Goldfisch im Teich oder im Aquarium wird immer dicker und Sie haben Angst, dass dieser platzen könnte. Zudem kursiert diese „Vermutung" auch im Internet, doch Sie sind sich nicht sicher, ob etwas Wahres dran ist.

Nun, ich kann Ihnen Folgendes sagen. Ein Fisch, der immer dicker wird, bekommt entweder zu viel Futter oder er ist krank! Kontrollieren Sie daher Ihre Futtergabe und konsultieren Sie einen Fischtierarzt, der Ihren Fisch untersucht. Platzen kann ein Fisch nicht in dem Sinne, aber wenn er beispielsweise zu viel gefüttert wird, besteht die Gefahr, dass er erheblichen Schaden davonträgt und sich seine Lebensdauer verringert.

Der Goldfisch hat ein schlechtes Gedächtnis

Haben Goldfische überhaupt ein Gedächtnis? Ich höre förmlich, wie Ihnen diese Frage gerade durch den Kopf schwirrt. Den Goldfischen bzw. Fischen allgemein wird nachgesagt, dass sie nur ein Drei-Sekunden-Gedächtnis haben. Aber das ist vollkommen falsch! Goldfische können sich sogar bis zu fünf Monate an etwas zurückerinnern!

Ein Goldfisch kann betrunken gemacht werden

Ein paar Tropfen Bier oder Wein schaden doch keinem Fisch, oder etwa doch? Goldfische können tatsächlich betrunken werden! Der Alkohol hat auf das kleine Wesen eine andere Wirkung als auf uns. Bei ihm reichen bereits wenige Prozente aus. Forscher experimentierten mit Zebrafischen, welche sie in Alkohol schwimmen ließen. Diese schwammen plötzlich schneller und legten ein selbstbewussteres Verhalten an den Tag.

Ein Goldfisch überlebt auch in Milch

Hier kann ich keine eindeutige Antwort geben, aber eine kurze Erklärung: Solange sich Sauerstoff in der Milch befindet, ist dies wahrscheinlich möglich. Schwindet dieser bzw. ist er aufgebraucht, wird es unschön. In diesem Sinne stehen die Überlebenschancen also eher schlecht für den schwimmenden Gesellen. Ich bitte Sie daher, dies auf keinen Fall auszuprobieren!

Goldfische schlafen mit offenen Augen

Wenn ein Fisch schläft, verlangsamt sich sein Schwimmtempo und er sinkt zum Boden herab. Da ein Fisch aber keine Augenlider hat, so wie wir, kann er demnach die

Augen nicht schließen. Also ist es tatsächlich wahr, dass Goldfische mit offenen Augen schlafen.

Goldfische haben keine Gefühle

Das ist falsch. Ein Goldfisch trauert auch um seinen verstorbenen Artgenossen, aber eben auf seine Art und Weise. Fische empfinden sogar Stress, Angst und Schmerz. Es ist also reines Unwissen, das sich viele Jahre lang hielt.

SCHLUSSWORT

Ja, Goldfische können durchaus wunderbare Schmuckstücke darstellen. Möchten Sie ihnen ein angenehmes Leben schenken, so ist es, wie Sie vielleicht beim Lesen bereits festgestellt haben, von Nöten, sich ausreichend zu informieren. Es spielt keine Rolle, dass die Goldfische ziemlich robust und leicht zufriedenzustellen sind. Ohne Fachwissen und wichtige Informationen können Sie keine Fische artgerecht halten.

Als kleinen Bonus möchte ich Ihnen zum Abschluss noch eine Checkliste mit auf den Weg geben, an welcher Sie sich orientieren können, wenn Sie sich das Aquarium zulegen oder Ihren Gartenteich anfertigen.

Ich hoffe, dass ich Ihnen mit meinem Ratgeber ausreichende und interessante Informationen zu unserem beliebten Zierfisch liefern konnte, und wünsche Ihnen gutes Gelingen sowie jede Menge Freude mit Ihrem Aquarium oder auch mit Ihrem Teich sowie den zukünftigen Bewohnern.

CHECKLISTEN

FÜR DIE ANSCHAFFUNG EINES AQUARIUMS

- [ ] Aquariumbecken
- [ ] Scheibenreiniger
- [ ] Rückwand
- [ ] Unterlage für das Becken
- [ ] Regelheizer mit Thermostat (25-30 Watt)
- [ ] Thermometer
- [ ] Filter, Filterstarter, Filtermaterial
- [ ] Depotdünger für den Bodengrund
- [ ] Dekoration: Steine / Wurzel
- [ ] Kescher
- [ ] Zeitschaltuhr für die Beleuchtung
- [ ] Schlauch 1,5 m für den Wasserwechsel
- [ ] Wassertest-Set
- [ ] Ca. 25 kg Aquarienkies (Körnung 3-5 mm)
- [ ] Stabiler Unterschrank

- ❑ Aquarienabdeckung mit integrierter Beleuchtung
- ❑ 10 l Eimer (Verwendung nur für Aquarium!)
- ❑ Wasseraufbereiter
- ❑ Pflanzen

FÜR DEN TEICHBAU

- ❑ Becken
- ❑ Aushub
- ❑ Sand
- ❑ Wasser
- ❑ Pflanzen
- ❑ Vlies
- ❑ Folie
- ❑ Kies
- ❑ Deko
- ❑ Pumpe
- ❑ Filter
- ❑ Mulmsauger
- ❑ Kescher
- ❑ Thermometer

Für die Pflege des Teiches im Sommer

- ❑ Fadenalgen regelmäßig herausfischen
- ❑ Blätter entfernen
- ❑ Teichpumpe und Filter reinigen
- ❑ Teichpumpe und Filter kontrollieren
- ❑ Wassertemperaturen überprüfen
- ❑ Wasserwerte überprüfen
- ❑ Wassermenge überprüfen
- ❑ Pflanzen und Gewächse am Ufer beschneiden
- ❑ Auf Fischbesatz achten
- ❑ Teichboden prüfen
- ❑ Fütterung mit Bedacht

TEICHPFLEGE UND VORBEREITUNG FÜR DEN WINTER

- ❑ Im Herbst abgestorbene Pflanzenreste entfernen
- ❑ Laub und Algenreste mit Schlammsauger entfernen
- ❑ Winterharte Pflanzen im Teich lassen
- ❑ Seerosen kräftig zurückschneiden
- ❑ Weniger winterharte Pflanzen im Haus überwintern lassen
- ❑ Nicht winterharte Teichpflanzen vor dem ersten Frost herausholen
- ❑ Laubschutznetz über Teich anbringen
- ❑ Bis spätestens Anfang November komplett mit Wasser füllen

Ohne Fischbesatz:

- ❑ Technische Geräte raus
- ❑ Teichpumpe abschalten und herausholen bei Temperaturen unter zehn Grad
- ❑ Pumpe leerlaufen lassen und frostfrei lagern
- ❑ Pumpe niemals trocken überwintern

- ❑ Pumpen außerhalb des Teiches abschalten und vor Frost schützen
- ❑ UVC-Vorklärgeräte rechtzeitig abbauen, reinigen und ebenfalls frostfrei lagern
- ❑ Filterkasten im Freien: Regenwasser darf nicht eindringen
- ❑ Filterkasten, Schläuche und Rohrleitungen restlos entleeren und reinigen
- ❑ Schaumstoffeinsätze und Substratrohre entfernen und reinigen

Eisfreihalter vorbereiten:

- ❑ Luftkammern mit Sand beschweren (Mit Pumpe verwenden (Alternative))
- ❑ Teichbälle alternativ einsetzen

Mit Fischbesatz:

- ❑ Fische im Herbst letztmalig füttern
- ❑ Teichtiefe unter 80 cm: Fische im Herbst aus dem Teich nehmen
- ❑ Niemals das Eis zerschlagen
- ❑ Teichheizung für Zierfische
- ❑ Im Winter nicht mehr füttern
- ❑ Im beheizten Teich im Winter füttern

BUCHEMPFEHLUNGEN

Hole Dir jetzt den ersten Teil und erfahre, wie Du Deinen Labrador Welpen trainierst!

LABRADOR ERZIEHUNG – Hundeerziehung für Deinen Labrador Welpen

Hundeerziehung wird häufig:

» ... mit dem klassischen Abrichten eines Hundes verwechselt

» ... nur für anspruchsvolle Hunde als notwendig erachtet

» ... als zu schwierig angesehen, um es ohne Erfahrung zu schaffen

Doch was macht Hundeerziehung wirklich aus und wofür ist sie überhaupt gut? Und wie können Dein Labrador und Du auch völlig ohne Erfahrung davon profitieren?

Das Wichtigste ist, erst einmal zu verstehen, wie ein Hund seine Umwelt wahrnimmt, was für ihn „normal" ist und wie Du das für Dich nutzen kannst. Darüber hinaus sind die Eigenheiten einer jeden Rasse entscheidend, wenn es um die spätere Erziehung geht. Dein Labrador weist beispielsweise andere Charaktereigenschaften als ein Dackel auf und genau diese Unterschiede sind in der Hundeerziehung schwerpunktmäßig zu berücksichtigen.

Sei gespannt auf viele Hintergründe, Erfahrungsberichte, Schritt-für-Schritt-Anleitungen und Geheimtipps, die sich maßgeschneidert auf Deinen Labrador beziehen.

Hole Dir jetzt den ersten Teil und erfahre, wie Du Deine Britisch Kurzhaar Katze erziehst!

BRITISCH KURZHAAR KATZENERZIEHUNG – Ratgeber zur Erziehung einer Katze der Britisch Kurzhaar Rasse
Ein Buch für Katzenbabys, Kitten und junge Katzen

Katzenerziehung wird häufig ...
»... als unnötig angesehen,
»... als unmöglich bezeichnet und
»... von den wenigsten Katzenhaltern angegangen

Doch was macht Katzenerziehung wirklich aus und wofür ist sie überhaupt gut? Und wie können Deine Britisch Kurzhaar Katze und Du auch völlig ohne Erfahrung davon profitieren?

Das Wichtigste ist, erst einmal zu verstehen, wie eine Katze ihre Umwelt wahrnimmt, was für sie „normal" ist und wie Du das für Dich nutzen kannst. Darüber hinaus sind die Eigenheiten einer jeden Rasse entscheidend, wenn es um die spätere Erziehung geht. Deine Britisch Kurzhaar weist beispielsweise andere Charaktereigenschaften als eine Bengal auf und genau diese sind in der Katzenerziehung zu berücksichtigen.

Sei gespannt auf viele Hintergründe, Erfahrungsberichte, Schritt-für-Schritt-Anleitungen und Geheimtipps, die sich maßgeschneidert auf Deine Britisch Kurzhaar beziehen.

PERMAKULTUR
FÜR ANFÄNGER
AUSBILDUNG UND GRUNDLAGEN
DER PERMAKULTUR
EXPERTEN
GRUPPE
VERLAG
MIT 100%
PRAXISWISSEN
FRIEDHELM WEISS

PERMAKULTUR FÜR ANFÄNGER – Ausbildung und Grundlagen der Permakultur

Wäre es nicht toll, wenn unsere Gebäude und Fahrzeuge Wasser filtern könnten und gleichzeitig auch noch die Luftqualität verbessern würden? Mit dieser Absicht, die Umwelt wieder aufzufüllen, könnte unsere Welt herrlich sauber sein.

Aber wie genau verändert Permakultur die Welt?

Zum einen kann Permakultur Wüsten in produktive Oasen für die Lebensmittelproduktion verwandeln. Zum anderen kann sie uns die dringend benötigten Lösungen bringen, mit der wir den heute so offensichtlich schädlichen Einfluss der Menschen auf unseren Planeten reduzieren, wenn nichts sogar umkehren können.

Alles ordnet sich dem einen Ziel unter, dauerhaft und nachhaltig funktionierende Kreisläufe zu schaffen, die im Einklang mit der Natur ablaufen.

Hier werden die wichtigsten Philosophien der Permakultur er-klärt, um Ihnen einen breiten Einblick in das Gebiet der Permakultur zu geben

Fangen Sie heute an und gehen Sie voraus, um mit ein wenig mehr Permakultur unseren Planeten zu retten!

HAT IHNEN MEIN BUCH GEFALLEN?

Sie haben mein Buch gelesen und wissen jetzt, was es alles bei der Haltung von Goldfischen im eigenen Aquarium oder Teich zu beachten gibt. Und genau deshalb bitte ich Sie jetzt um einen kleinen Gefallen. Rezensionen sind bei Amazon ein wichtiger Bestandteil von jedem angebotenen Produkt. Es ist mit das Erste, worauf Kunden schauen und nicht selten geben die Rezensionen später den entscheidenden Ausschlag ein Produkt zu kaufen oder nicht. Gerade bei der endlos großen Auswahl von Amazon wird dieser Faktor immer wichtiger.

Wenn Ihnen mein Buch gefallen hat, wäre ich Ihnen mehr als dankbar, wenn Sie mir eine Bewertung hinterlassen. Wie Sie das machen? Klicken Sie einfach auf meiner Amazon Produktseite auf folgenden Button:

Dieses Produkt bewerten

Sagen Sie Ihre Meinung zu diesem Artikel

Kundenrezension verfassen

Schreiben Sie einfach kurz, was Ihnen ganz besonders gut gefallen hat oder wie ich das Buch vielleicht noch besser machen kann. Es dauert nicht länger als 2 Minuten, versprochen! Sie können sich sicher sein, dass ich persönlich jede Rezension lese, denn es hilft mir sehr stark dabei, meine Bücher noch besser zu machen und sie genau an Ihre Wünsche anzupassen.

Daher sage ich Ihnen:

HERZLICHEN DANK!

Ihre Svenja Nett

QUELLENANGABEN

Die Sympathie der Goldfische: neue Erzählungen aus Südkorea, 1. Aufl., hrsg. von Bertulies, Friedhelm ¬[Hrsg.], unter Beteiligung von I, Mun yeol, 2005

Gesundheit fur Zierfische: Parasiten erkennen und bekampfen, von Schmahl, Gunter Mehlhorn, Birgit Mehlhorn, Heinz, 2013

Zierfische, Aquarienpflanzen, Terrarientiere: Kölner Aquarianertage '96, hrsg. von Meidling, Werner ¬[Red.], unter Beteiligung von Verein Kölner Aquarien- und Terrarienfreunde Gegründet 1946 Kölner Aquarianertage 1996, 1996

Züchterkniffe. 6: praktische Winke zur Pflege und Zucht beliebter Zierfische, 1. Aufl., unter Beteiligung von Nachstedt, Julius Gremblewski, Otto Tusche, Hans, 1984

Aquarien-Atlas., 4. Aufl., unter Beteiligung von Baensch, Hans A Riehl, Rüdiger, 1984

Fremdländische Zierfische : Winke zur Beobachtung, Pflege und Zucht der Makropoden, Guramis, Gold-, Teleskop-, Hundsfische u.a. ; nebst Anhang: Bemerkungen über die Axolotl / nach..., von Dürigen, Bruno, 2009

Die tierhygienischen Grundlagen der Süsswasseraquaristik sowie Untersuchungen über ihre Beachtung in der Zierfischhaltung, von Etscheidt, Jutta, 1990

Zierfische : Japan, das Land der Koi – Zucht, von Riedl, G, 1996

Nano-Aquaristik, von Kai Alexander, Quante, 2010

Süßwasseraquarien: Die 20 besten Unterwasserwelten, von Claus, Schaefer, 2015

Das grosse Lexikon der Aquaristik: Süsswasser u. Meerwasser, 3. Aufl., von Frey, Hans, 1983

Handbuch der Meeres-Aquaristik. 3, Knochenfische. T. 3, Knorpelfische u. Wirbellose / Wolfgang Klausewitz; Peter Wilkens: Seewasserfische und Wirbellose, von Klausewitz, Wolfgang Wilkens, Peter, 1979

Das Süßwasser-Aquarium: der bewährte Aquaristik-Ratgeber für jedermann, 27. Aufl., von Frey, Hans, 1986

Das große Buch der Meeresaquaristik, von Probst, Karl Lange, Jürgen, 1975

Enzyklopädie der Aquaristik und speziellen Ichthyologie, hrsg. von Sterba, Günther ¬[Hrsg.], 1978

Der Goldfisch - ein Haustier aus China, von Philipsen, Mechthild erschienen in Unterricht Biologie (1986), 1986 https://www.gartenteich-ratgeber.com/tiere/teichfische/arten/goldfisch/

https://www.zooplus.de/magazin/aquaristik/fischarten-portraits/goldfisch

https://www.gartendialog.de/goldfische-haltung/

https://www.kois.de/ratgeber/der-goldfisch-im-gartenteich-lebensweise-und-haltungsbedingungen/

https://aquaristik-profi.com/fische/arten/sonstige/goldfisch/

https://www.gartenlexikon.de/goldfische-haltung/

https://www.kois.de/ratgeber/der-goldfisch-im-gartenteich-lebensweise-und-haltungsbedingungen/

https://aquaristik-profi.com/fische/arten/sonstige/goldfisch/

https://www.gartenlexikon.de/goldfische-haltung/

https://aquaristik-profi.com/fische/einsetzen/

https://www.obi.de/magazin/garten/teich/fische-in-teich-setzen

IMPRESSUM

1. Auflage

 Herausgeber: GbR, Martin Seidel und Corinna Krupp, Bachstraße 37, 53498 Bad Breisig, E-Mail: info@expertengruppeverlag.de, Coverfoto: www.depositphotos.com. Sämtliche hier dargestellten Inhalte dienen ausschließlich der neutralen Information. Sie stellen keinerlei Empfehlung oder Bewerbung der beschriebenen oder erwähnten Methoden dar. Dieses Buch erhebt weder einen Anspruch auf Vollständigkeit, noch kann die Aktualität und Richtigkeit der hier dargebotenen Informationen garantiert werden. Dieses Buch ersetzt keinesfalls die fachliche Beratung und Betreuung durch einen Tierarzt oder Tierpsychologen. Die Autorin und die Herausgeber übernehmen keine Haftung für Unannehmlichkeiten oder Schäden, die sich aus der Anwendung der hier dargestellten Information ergeben.

Made in United States
North Haven, CT
10 November 2026

22091257R00124